高职高专土建类建筑工程技术专业课程试题库

建筑工程施工组织

试题库

主　编　宋文学

副主编　胡　慨　乔守江

中国水利水电出版社
www.waterpub.com.cn

内 容 提 要

本书是在建筑工程技术专业人才培养方案和“建筑工程施工组织”课程标准的指导下，结合高职高专教育特点，以国家现行规程规范为依据编制的。本试题库共包括8个学习任务，分别是：建筑施工组织基础知识认知，施工准备，流水施工组织，网络计划技术学习，施工组织总设计编制，单位工程施工组织设计编制，主要管理措施制定，计算机辅助施工组织设计。并在书后附试题答案。

本书可作为高职高专院校、高等专科学校、成人教育学院的建筑工程技术、建筑工程管理等专业教学参考用书，满足职业教育双证制的要求，也可供广大专业技术人员作为职业资格考试的参考书。

图书在版编目（CIP）数据

建筑工程施工组织试题库/宋文学主编．—北京：中国水利水电出版社，2014.5（2017.1重印）
高职高专土建类建筑工程技术专业课程试题库
ISBN 978-7-5170-2029-5

Ⅰ.①建… Ⅱ.①宋… Ⅲ.①建筑工程-施工组织-高等职业教育-习题集 Ⅳ.①TU721-44

中国版本图书馆CIP数据核字（2014）第096202号

书　名	高职高专土建类建筑工程技术专业课程试题库 **建筑工程施工组织试题库**
作　者	主编　宋文学　副主编　胡慨　乔守江
出版发行	中国水利水电出版社 （北京市海淀区玉渊潭南路1号D座　100038） 网址：www.waterpub.com.cn E-mail：sales@waterpub.com.cn 电话：（010）68367658（营销中心）
经　售	北京科水图书销售中心（零售） 电话：（010）88383994、63202643、68545874 全国各地新华书店和相关出版物销售网点
排　版	中国水利水电出版社微机排版中心
印　刷	北京瑞斯通印务发展有限公司
规　格	184mm×260mm　16开本　10印张　237千字
版　次	2014年5月第1版　2017年1月第2次印刷
印　数	3001—5000册
定　价	**26.00**元

前 言

为了实现高职高专理论教学考核方式改革，适应无纸化计算机考试的要求，满足学生期末复习应考的需要，帮助学生在学习过程中进行练习和自我检测，强化训练，从而顺利通过考试，本专业改革与指导委员会组织专业骨干教师和教学精英编写了这套《高职高专土建类建筑工程技术专业课程试题库》。本套书共18册，涵盖了建筑工程技术以及建筑工程管理专业的全部课程的理论教学内容，分别为：

《工程测量试题库》

《建筑材料试题库》

《工程CAD试题库》

《工程力学试题库》

《建筑构造试题库》

《工程制图试题库》

《土力学与地基基础试题库》

《钢筋混凝土结构试题库》

《钢结构试题库》

《建筑设备试题库》

《建筑工程施工技术试题库》

《建筑工程施工组织试题库》

《建筑工程计量与计价试题库》

《建筑工程项目管理试题库》

《工程监理试题库》

《建筑工程安全技术试题库》

《建筑工程法律与法规试题库》

《工程招投标与合同管理试题库》

本套题库是在建筑工程技术专业人才培养方案和对应课程标准的指导下，以建筑工程技术专业系列教材和国家现行规程规范为依据编制的，与本专业对应的国家各类职业资格考试相结合，既紧扣教材本身，又不局限于书本；题库题量大，覆盖面广，题目构思精巧，答案准确唯一；采用主观题客观化的方法命题，突出实用性和应用性。

本套题库可作为高职高专院校、高等专科学校、成人教育学院的建筑工程技术、建筑工程管理等专业教学参考用书，满足职业教育双证制的要求，也可供广大专业技术人员作为职业资格考试的参考书。

《建筑工程施工组织试题库》由安徽水利水电职业技术学院宋文学主编，宋文学编写学习任务三、学习任务四、学习任务八；胡慨编写学习任务五、学习任务六；乔守江编写学习任务一、学习任务二、学习任务七。

本书由安徽水利水电职业技术学院和深圳市斯维尔科技有限公司共同开发，在编写过程中，得到了深圳市斯维尔科技有限公司的大力支持，在此一并表示感谢。限于作者理论水平和实践经验有限，书中难免存在不妥之处，恳请广大读者和同行专家批评指正。

编者

2014年4月

目　　录

学习任务一　建筑施工组织基础知识认知

1．下列所示基本建设程序，正确的是（　　）。

A．投资决策→设计→施工招投标→施工→竣工决算

B．投资决策→施工招投标→设计→施工→竣工决算

C．设计→投资决策→施工招投标→施工→竣工决算

D．设计→施工招投标→投资决策→施工→竣工决算

2．我国的工程建设程序可归纳为四个阶段，即投资阶段、（　　）、项目施工阶段、竣工验收和交付使用阶段。

A．可行性研究阶段　　B．生产准备阶段

C．技术设计阶段　　D．勘察设计阶段

3．施工组织设计的任务是（　　）。

A．按期完成需完成的建设项目

B．按期、按质完成建设项目

C．按期、按质，降低成本完成建设项目

D．按质，降低成本完成建设项目

4．建设项目可行性研究报告的内容包括三大部分：（　　）、技术研究、效益研究。

A．经济研究　　B．方案研究　　C．市场研究　　D．施工研究

5．（　　）是项目可行性研究的核心部分。

A．经济研究　　B．技术研究　　C．市场研究　　D．效益研究

6．施工组织设计按（　　）分类，可分为投标阶段和实施阶段。

A．按编制对象　　B．按编制阶段

C．按项目类别　　D．按工程规模

7．学院静安楼（教学楼）建设项目属于学院工程建设项目的（　　）组成部分。

A．单位工程　　B．分部工程　　C．分项工程　　D．检验批

8．施工组织设计的编制对象是（　　）。

A．单位工程　　B．单项工程　　C．建设项目　　D．分部工程

9．项目组成中，具备独立施工条件并能形成独立使用功能的建筑物及构筑物是（　　）。

A．单位工程　　B．分部工程　　C．分项工程　　D．检验批

10．设计是分段进行的，包括初步设计、技术设计、（　　）。

A．模型设计　　B．结构设计　　C．工艺设计　　D．施工图设计

11．单位工程完工后，施工单位应自行组织有关人员进行检查评定，并向（　　）提交工程验收报告。

A．设计单位　　B．建设单位　　C．施工单位　　D．承包单位

12．施工单位在编制施工方案时，可能发生施工机械选择不当、流水施工安排不合理等问题，由此可能导致施工延误和一些质量问题，这种风险属于风险类型中的（　　）。

A．工程环境风险　　B．组织风险

C．技术风险　　D．经济与管理风险

13．在下列费用中，属于建筑安装工程直接费的是（　　）。

A．施工企业的临时宿舍　　B．工程定额测量费

C．项目经理工资　　D．危险作业意外伤害保险

14．大型建设工程项目总进度目标论证的核心工作是通过（　　）论证总进度目标实现的可能性。

A．工程实施条件分析

B．编制总进度纲要

C．编制施工进度计划及相关的资源需求计划

D．编制多个不同的建设工程项目进度计划系统

15．单位施工组织设计一般由（　　）负责编制。

A．建设单位的负责人　　B．施工单位的工程项目主管工程师

C．施工单位的项目经理　　D．施工员

16．单位工程施工组织设计必须在开工前编制完成，并应经（　　）批准方可实施。

A．建设单位　　B．项目经理　　C．设计单位　　D．总监理工程师

17．（　　）是单位工程施工组织设计的重要环节，是决定整个工程全局的关键。

A．工程概况　　B．施工方案　　C．施工进度计划　　D．技术经济指标

18．单位工程施工方案主要确定（　　）的施工顺序和施工方法以及选择适用的施工机械。

A．单项工程　　B．单位工程　　C．分部分项工程　　D．施工过程

19．（　　）是控制各个分部分项工程施工进程以及总工期的主要依据。

A．工程概况　　B．施工方案　　C．施工进度计划　　D．施工平面布置图

20．单位工程施工进度计划是（　　）进度计划。

A．控制性　　B．指导性

C．有控制性也有指导性　　D．部署性

21．单位工程施工平面布置图应最先确定（　　）的位置。

A．起重机械　　B．搅拌站　　C．仓库　　D．材料堆场

22．（　　）不是临时设施布置要遵循的原则。

A．方便施工　　B．少占或不占农田
C．仓储量　　D．尽量运用原有房屋

23．（　　）一般不是工地临时供水设计的内容。
A．选择水源　　B．设计配水管网
C．确定消防最大用水量　　D．决定需水量

24．某公司计划编制施工组织设计，已收集和熟悉了相关资料，调查了项目特点和施工条件，计算了主要工种的工程量，确定了施工的总体部署，下面应该进行（　　）工作。
A．拟定施工方案　　B．编制施工总进度计划
C．编制资源需求量计划　　D．编制施工准备工作计划

25．施工组织总设计是在总承包企业的（　　）主持下进行编制的。
A．技术负责人　　B．总工程师　　C．项目经理　　D．监理

26．施工方案是以（　　）为编制对象。
A．单位工程　　B．分部工程　　C．分项工程　　D．分部分项工程

27．组织施工的基本原则中，（　　）是保证建筑安装工程顺利进行的重要条件。
A．保证重点与统筹安排　　B．提高建筑产品工业化程度
C．认真执行基本建设程序　　D．采用流水作业组织施工

28．施工方案内容概括有施工方法的确定、（　　）、施工机具的选择和流水施工的组织。
A．施工顺序的安排　　B．施工进度计划
C．施工现场平面布置　　D．资源需量供应

29．施工组织设计的内容中，施工风险防范属于（　　）。
A．常规内容　　B．附加内容　　C．常识内容　　D．后加内容

30．（　　）是施工准备工作的重要组成部分，同时又是做好施工准备工作的依据和保证。
A．施工组织管理　　B．施工组织程序
C．施工组织技术　　D．施工组织设计

31．施工组织设计的基本任务是根据业主对建设项目的各项要求，选择经济、（　　）、有效的施工方案。
A．合理　　B．实用　　C．简单　　D．便捷

32．“三通一平”属于施工阶段的（　　）阶段。
A．施工安装　　B．生产准备　　C．施工准备　　D．竣工验收

33．（　　）不是确定施工顺序遵循的原则。
A．当地气候条件　　B．施工机械需求
C．成本优化　　D．施工工艺需求

34．（　　）不是评价施工方案的主要指标。

A. 投资额　B. 施工持续时间
C. 主导机械使用率　D. 劳动消耗量

35. （　）不是评价单位工程施工进度计划质量的指标。
A. 主要施工机械的利用程度　B. 劳动生产率
C. 资源消耗的均衡性　D. 工期

36. 施工平面图设计首要考虑的因素是（　）。
A. 布置运输道路　B. 布置水电管网
C. 确定搅拌站及构件堆场等位置　D. 确定起重机械的位置

37. （　）不属于单位工程施工组织设计的主要内容。
A. 施工平面图　B. 施工进度计划
C. 资源需求计划　D. 施工方案

38. （　）属于分部工程。
A. 学校食堂　B. 电梯安装工程
C. 模板工程　D. 学校

39. 砖砌工程属于建设项目的（　）部分。
A. 单位工程　B. 分部工程　C. 分项工程　D. 检验批

40. 分项工程一般按（　）进行划分。
A. 按单位工程的专业性质、建筑部位划分
B. 按主要工种、材料、施工工艺、设备等划分
C. 按是否具有独立施工条件、具有独立使用功能划分
D. 按楼层、施工段、变形缝等进行划分

41. 确定施工流向时，除了满足用户需要和适应施工组织的分区分段外，还应适应（　）。
A. 工艺流程合理划分　B. 施工过程的合理划分
C. 主导工程的合理施工顺序　D. 主导工程的组织原则

42. 施工组织设计由（　）编制。
A. 总工程师　B. 技术负责人　C. 技术人员　D. 工人

43. 施工方案是对（　）进行的设计。
A. 单位工程　B. 分部分项工程　C. 检验批　D. 建设项目

44. 施工方案由（　）进行编制负责。
A. 总工程师　B. 技术负责人　C. 技术人员　D. 工人

45. 单位工程施工组织设计由（　）进行主持负责编制。
A. 技术人员　B. 技术负责人　C. 工人　D. 总工程师

46. 下列不属于施工组织设计分类的是（　）。

A．施工组织总设计　　B．单位工程施工组织设计
C．施工人员设计　　D．施工方案

47．某一层楼层属于建设项目的（　　）部分。
A．单位工程　B．分部工程　C．分项工程　D．检验批

48．施工准备工作在（　　）批准后就可进行。
A．项目建议书　B．可行性研究　C．初步设计　D．施工图设计

49．下列不属于勘察设计阶段的是（　　）。
A．初步设计　B．技术设计　C．可行性研究　D．施工图设计

50．建筑电气工程属于建设项目的（　　）部分。
A．单位工程　B．分部工程　C．分项工程　D．检验批

51．食堂建设属于建设项目的（　　）部分。
A．单位工程　B．分部工程　C．分项工程　D．检验批

学习任务二　施　工　准　备

1．施工准备工作的对象是（　　）。

A．建设项目　　B．施工队伍　　C．工程物资　　D．部署施工

2．对一项工程所涉及的（　　）和经济条件等施工资料进行调查研究与收集整理，是施工准备工作的一项重要内容。

A．社会条件　　B．自然条件　　C．环境条件　　D．人文条件

3．（　　）是施工准备的核心，指导着现场施工准备工作。

A．资源准备　　B．施工现场准备　　C．季节施工准备　　D．技术资料准备

4．施工图纸的会审一般由（　　）组织并主持会议。

A．建设单位　　B．施工单位　　C．设计单位　　D．监理单位

5．资源准备包括（　　）准备和物资准备。

A．资金　　B．信息　　C．劳动力组织　　D．机械

6．施工现场准备由两个方面组成：一是由（　　）应完成的，二是由施工单位应完成的施工现场准备工作。

A．设计单位　　B．建设单位　　C．监理单位　　D．行政主管部门

7．现场搭设的临时设施，应按照（　　）的要求进行搭设。

A．建筑施工图　　B．结构施工图　　C．施工总平面图　　D．施工平面布置图

8．工程项目是否按目标完成，很大程度上取决于承担这一工程的（　　）。

A．施工人员的身体　　B．施工人员的素质

C．管理人员的学历　　D．管理人员的态度

9．工程项目开工前，（　　）应向监理单位报送工程开工报告报审表及开工报告、证明文件等，由总监理工程师签字，并报（　　）。

A．建设单位；施工单位　　B．设计单位；施工单位

C．施工单位；建设单位　　D．施工单位；设计单位

10．按施工准备工作的范围，下面不属于施工准备工作的是（　　）。

A．全场性准备　　B．单项工程准备

C．分部工程准备　　D．开工前的准备

11．信息是以口头、书面或电子等方式传递的（　　）、新闻、情报。

A．数据　　B．数字　　C．文字　　D．知识

12．建设工程项目的实施需要人力资源和无知资源，应认识到（　　）资源也是项目实施

的重要资源之一。

A．成本　　B．质量　　C．信息　　D．合同

13．建设工程项目的信息管理师通过对各个系统、各项工作和各种数据的管理，使项目的（　）能方便和有效地获取、存储、存档、处理和交流。

A．成本　　B．图纸　　C．信息　　D．数据

14．我国建筑业和基本建设领域应用信息技术与工业发达国家相比（　）。

A．正处于同一起跑线上　　B．处于微弱的领先地位

C．各有所长　　D．存在较大的数字鸿沟

15．由于建设工程项目大量数据处理的需要，在当今时代应重视利用信息技术的手段进行信息管理，其核心技术是（　）。

A．施工图预算程序　　B．项目管理系统

C．基于网络的信息处理平台　　D．设施管理信息处理系统

16．为了充分利用和发挥信息资源的价值，实现有序的科学信息管理，项目参建各方都应编制各自的（　），以规范信息管理工作。

A．项目管理规划　　B．系统开发计划　　C．信息管理手册　　D．信息编码表

17．项目管理班子中各个工作部门的管理工作都与（　）有关。

A．信息处理　　B．施工预算　　C．工程网络计划　　D．信息编码

18．信息管理部门负责编制信息管理手册，在项目（　）进行信息管理手册的必要修改和补充，并检查和督促其执行。

A．实施过程中　　B．可行性研究阶段

C．竣工验收时　　D．开工时

19．在工程施工技术管理资料中，工程洽商是施工过程中一种协调业主与施工方、施工方与设计行为的记录。工程洽商分为技术洽商和经济洽商两种，通常情况下由（　）提出。

A．业主　　B．设计单位　　C．监理单位　　D．施工单位

20．在工程施工技术管理资料中，工程竣工文件作为工程施工技术管理资料的一部分，应包括竣工报告、竣工验收证明书和（　）。

A．隐蔽工程验收资料　　B．工程施工质量验收资料

C．工程质量保修书　　D．工程质量控制资料

21．竣工报告是指工程项目具备竣工条件后，施工单位向建设单位报告，提请（　）组织竣工验收的文件。

A．总承包单位　　B．建设单位　　C．设计单位　　D．建设主管部门

22．工程施工质量验收资料是建设工程施工全过程中按照国家现行的工程质量检验标准，对施工项目进行单位工程、分部工程、分项工程及检验批的划分，再由检验批、分项

工程、分部工程、单位工程逐级对工程质量作出（　　）的工程质量验收资料。

A．分级评定　　B．综合评定　　C．检验定级　　D．验收评定

23．各项新建、扩建、改建、技术改造、技术引进项目竣工图的负责编制人应是（　　）。

A．施工单位　　B．设计单位　　C．咨询单位　　D．建设单位

24．承包人应根据（　　）提交合格的竣工图。

A．工程性质的要求　　B．施工合同约定

C．监理单位的要求　　D．设计单位的要求

25．施工文件档案管理中规定，在开工前由施工单位现场负责人填写“施工现场质量管理检查记录”，报（　　）检查，并作出检查结论。

A．建设主管部门　　B．建设审批部门

C．设计单位负责人　　D．项目总监理工程师

26．应重新绘制竣工图的情况是：涉及结构形式、工艺、平面布置、项目等重大改变及图面变更面积超过（　　）。

A．20%　　B．30%　　C．35%　　D．40%

27．施工文件立卷时，卷内目录式样宜符合《建设工程文件归档案整理规范》附录B的要求。责任者应填写文件的（　　）单位和个人。

A．编制审查　　B．档案管理　　C．归档整理　　D．直接形成

28．案卷封面标注的保管期限分为永久、长期、短期三种期限。永久是指工程档案需永久保存；长期是指工程档案的保存期等于该工程的使用寿命；短期是指工程档案保存（　　）年以下。

A．5　　B．10　　C．15　　D．20

29．施工文件的归档范围详见《建设工程文件归档整理规范》的要求。对于工程建设有关的重要活动、记载工程建设（　　）、具有保存价值的各种载体文件，均应收集齐全，整理立卷后归档。

A．主要过程和现状　　B．主要阶段和质量状况

C．安全和质量状况　　D．进度与质量状况

30．利用施工图改绘竣工图，必须标明变更修改依据；凡施工图结构、工艺、平面布置等有重大改变，或变更部分超过图面（　　）的，应当重新绘制竣工图。

A．1/2　　B．1/4　　C．2/3　　D．1/3

31．施工单位在收齐工程文件整理立卷后，建设单位、监理单位应对档案文件完整、准确、系统情况和案卷质量进行审查，应按照（　　）的要求进行。

A．建设主管部门　　B．合同文件

C．城建档案管理机构　　D．文档整理规范

32．施工队伍的准备包括（　　）。

①项目组的组建；②建立施工队组，组织劳动力进场；③做好技术、安全交底和岗前培训；④建立各项管理制度。

A．①②④　B．②③④　C．①②③④　D．①③④

33．编制施工图预算的用途是（　　）。

A．投标报价　B．内部经济核算

C．工程建筑费用估算　D．工程量计算

34．施工预算的用途是（　　）。

A．招标报价　B．内部经济核算

C．工程建筑费用估算　D．工程量计算

35．施工准备工作包括的内容有（　　）。

①熟悉和会审施工图纸；②调查研究收集必要资料；③施工现场的准备；④物资及劳动力的准备；⑤季节施工准备。

A．①②③④　B．②③④⑤　C．①③④⑤　D．①②③④⑤

36．物资准备包括（　　）。

①建筑材料的准备；②预制构件和混凝土的准备；③施工机械的准备；④模板和脚手架的准备。

A．①②③　B．①②③④　C．①③④　D．②③④

37．施工准备必须贯穿在整个过程中，应做到（　　）。

①设计与施工相结合；②室内准备与屋外准备相结合；③土建工程与专业工程相结合；④前期准备与后期准备相结合。

A．①②③　B．①③④

C．①②③④　D．②③④

38．编制施工预算和施工图预算不一样的地方是（　　）。

①施工单位；②建设单位；③施工定额；④预算定额。

A．①②③　B．①②④　C．②③④　D．①②③④

39．以下材料被称为“三材”的是（　　）。

A．钢材、水泥、砂子　B．钢材、水泥、木材

C．水泥、木材、砂子　D．钢材、砂子、混凝土

40．“三通一平”指的是（　　）。

①通水；②通电；③通热力；④通路；⑤场地平整；⑥通信。

A．①②④⑤⑥　B．①②⑤⑥　C．③④⑤⑥　D．①②④⑤

学习任务三 流 水 施 工 组 织

1．（　　）是工程项目最有效的科学组织方法。

A．平行施工　　B．顺序施工　　C．流水施工　　D．依次施工

2．在拟建工程任务十分紧迫、工作面允许以及资源保证供应的条件下，可以组织（　　）。

A．平行施工　　B．顺序施工　　C．流水施工　　D．依次施工

3．工程项目流水作业是由固定组织的工人，在若干个（　　）的施工区域中依次连续工作的一种施工组织方法。

A．工作性质相同　　B．工作性质不同

C．工作时间相同　　D．工作时间不同

4．在组织流水施工时，用来表达流水施工的时间参数通常包括（　　）。

A．施工过程和施工段　　B．流水节拍和流水步距

C．施工过程和流水强度　　D．施工过程和流水步距

5．在组织流水施工时，用来表达流水施工的时间参数不包括（　　）。

A．施工过程和施工段　　B．流水节拍和流水步距

C．间歇时间和搭接时间　　D．流水工期

6．在绘制流水施工进度计划时，需要用到的主要流水施工参数不包括（　　）。

A．施工过程和施工段　　B．流水节拍和流水步距

C．工作面和流水强度　　D．流水工期

7．考虑到建设工程的施工特点、工艺流程、资源利用、平面或空间布置等要求，可以采用不同的施工组织方式。其中有利于资源供应的施工组织方式是（　　）。

A．顺序施工和平行施工　　B．平行施工和流水施工

C．顺序施工和流水施工　　D．平行施工和搭接施工

8．组织施工的方式有很多种，其中最简单的施工组织方式是（　　）。

A．平行施工　　B．流水施工　　C．顺序施工　　D．搭接施工

9．在下列施工组织方式中，不能实现工作队专业化施工的组织方式是（　　）。

A．顺序施工和平行施工　　B．平行施工和流水施工

C．顺序施工和流水施工　　D．平行施工和搭接施工

10．流水施工是一种科学、合理的施工组织方式，它是（　　）的一种特殊情形。

A．平行施工　　B．流水施工　　C．顺序施工　　D．搭接施工

11．几个相同的工作队，在同一时间、不同空间上进行施工，此作业方式为（　　）。

A．顺序作业　　B．流水作业　　C．平行作业　　D．搭接作业

12．平行施工和搭接施工的区别主要在于（　　）。

A．时间不同　　B．地点不同　　C．顺序不同　　D．工作不同

13．流水施工和搭接施工的主要区别是（　　）。

A．工种不同　　B．时间不同　　C．工作面不同　　D．顺序不同

14．搭接施工是指两施工过程在时间上有重合即搭接。此说法（　　）。

A．正确　　B．不正确

15．组织搭接施工时，由于前后施工过程之间的施工作业有交叉，施工过程之间存在质量影响以及安全影响。因此，组织搭接施工时应注意工程质量与施工安全。此说法（　　）。

A．正确　　B．不正确

16．组织搭接施工要求前后工作之间须有足够的工作面，因此，在（　　）流水施工中不容易实现。

A．群体或单项工程　　B．单位工程

C．分部工程　　D．分项工程

17．某分部工程由甲、乙、丙 3 个施工过程组成，采用一班制，分 3 段施工。每个施工过程的工程量分别为 4A m^2、4B t、4C m^3，其产量定额分别为 A m^2/工日、B t/工日、C m^3/工日。若每个施工过程的作业人数相等，则该分部工程宜组织（　　）流水施工。

A．无节奏　　B．全等节拍　　C．成倍节拍　　D．都不是

18．某分部工程由甲、乙、丙 3 个施工过程组成，采用一班制，分 2 段施工。每个施工过程的工程量分别为 8A m^2、8B t、4C m^3，其产量定额分别为 A m^2/工日、B t/工日、C m^3/工日。若每个施工过程的作业人数相等，则该分部工程宜组织（　　）流水施工。

A．无节奏　　B．全等节拍　　C．成倍节拍　　D．都不是

19．某分部工程由甲、乙、丙 3 个施工过程组成，采用一班制，分 3 段施工。每个施工过程的工程量分别为 8A m^2、8 t、4C m^3，其产量定额分别为 A m^2/工日、B t/工日、C m^3/工日。若每个施工过程的作业人数分别为 4、4、2，则该分部工程宜组织（　　）流水施工。

A．无节奏　　B．全等节拍　　C．成倍节拍　　D．都不是

20．某分部工程由甲、乙、丙 3 个施工过程组成，采用一班制，分 3 段施工。每个施工过程的工程量分别为 8A m^2、8B t、4C m^3，其产量定额分别为 A m^2/工日、B t/工日、C m^3/工日。若每个施工过程的作业人数分别为 2、4、2，则该分部工程宜组织（　　）流水施工。

A．无节奏　　B．全等节拍　　C．成倍节拍　　D．都不是

21．某分部工程由甲、乙、丙 3 个施工过程组成，采用一班制，分 3 段施工。每个施工过程的工程量分别为 8A m^2、4B t、4C m^3，其产量定额分别为 A m^2/工日、B t/工日、C m^3/

工日。若每个施工过程的作业人数相等，则该分部工程宜组织（　　）流水施工。

A．无节奏　　B．全等节拍　　C．成倍节拍　　D．都不是

22．某分部工程由甲、乙、丙 3 个施工过程组成，采用一班制，分 3 段施工。每个施工过程的工程量分别为 4A m^2、8B t、8C m^3，其产量定额分别为 A m^2/工日、B t/工日、C m^3/工日。若每个施工过程的作业人数分别为 2、4、4，则该分部工程宜组织（　　）流水施工。

A．无节奏　　B．全等节拍　　C．成倍节拍　　D．都不是

23．某分部工程由甲、乙、丙 3 个施工过程组成，采用一班制，分 3 段施工。每个施工过程的工程量分别为 8A m^2、6B t、4C m^3，其产量定额分别为 A m^2/工日、B t/工日、C m^3/工日。若每个施工过程的作业人数分别为 4、2、2，则该分部工程宜组织（　　）流水施工。

A．无节奏　　B．全等节拍　　C．成倍节拍　　D．异节拍

24．某分部工程由甲、乙、丙 3 个施工过程组成，采用一班制，分 3 段施工。每个施工过程的工程量分别为 8m^2、8t、4m^3，其时间定额分别为 2 工日/m^2、2 工日/t、2 工日/m^3。若每个施工过程的作业人数分别为 4、4、2，则该分部工程宜组织（　　）流水施工。

A．无节奏　　B．全等节拍　　C．成倍节拍　　D．异节拍

25．某分部工程由甲、乙、丙 3 个施工过程组成，采用一班制，分 3 段施工。每个施工过程的工程量分别为 4m^2、8t、4m^3，其时间定额分别为 2 工日/m^2、2 工日/t、2 工日/m^3。若每个施工过程的作业人数分别为 4、4、2，则该分部工程宜组织（　　）流水施工。

A．无节奏　　B．全等节拍　　C．成倍节拍　　D．异节拍

26．某分部工程由甲、乙、丙 3 个施工过程组成，采用一班制，分 3 段施工。每个施工过程的工程量分别为 4m^2、8t、4m^3，其时间定额分别为 2 工日/m^2、1.5 工日/t、1 工日/m^3。若每个施工过程的作业人数分别为 4、4、2，则该分部工程宜组织（　　）流水施工。

A．无节奏　　B．全等节拍　　C．成倍节拍　　D．异节拍

27．依次施工组织方式的特点包括（　　）。

A．每个专业队在各段依次连续施工

B．专业队不能连续施工或充分利用工作面

C．各施工段同时开展相同专业施工

D．同一时间段内各施工段均能充分利用工作面

28．下列叙述中，不属于依次施工组织方式特点的是（　　）。

A．专业队不能连续施工　　B．能充分利用工作面

C．施工工期长　　D．资源投入量大，现场临时设施增加

29．依次施工组织方式的最大优点是（　　）。

A．专业队不能连续施工或不能充分利用工作面

B．专业队能够连续施工

C．施工组织简单、管理方便

D．各施工段均能充分利用工作面

30．依次施工组织方式的最大缺陷在于（　　）。

A．专业队不能连续施工或不能充分利用工作面

B．专业队能够连续施工

C．施工组织简单、管理方便

D．各施工段均能充分利用工作面

31．（　　）是指各施工队依次开工、依次完工的一种作业方式。采用这种方式组织施工要么是各专业施工队的作业不连续，要么是工作面有停歇，时空关系没有处理好，工期拉得很长。

A．平行施工　　B．流水施工　　C．依次施工　　D．搭接施工

32．在工程项目施工中，（　　）组织方式可以说是必然存在的。

A．依次施工　　B．搭接施工　　C．平行施工　　D．流水施工

33．建设工程组织流水施工时，其特点之一是（　　）。

A．各专业按施工顺序连续、均衡组织施工

B．同一时间段只能有一个专业队投入流水施工

C．由一个专业队在各施工段上依次施工

D．施工现场组织管理简单，工期最短

34．建设工程组织流水施工时，必须全部列入施工进度计划的施工过程是（　　）施工过程。

A．物资供应类　　B．制备类　　C．建造类　　D．运输类

35．根据工艺性质不同，施工过程可以分为三类，其中不包括（　　）。

A．建造类　　B．服务管理类　　C．运输类　　D．制备类

36．根据工艺性质不同，施工过程可以分为三类，其中构配件的预制属于（　　）。

A．服务管理类　　B．运输类　　C．建造类　　D．制备类

37．根据工艺性质不同，施工过程可以分为三类，其中浇筑混凝土工程属于（　　）。

A．建造类　　B．服务管理类　　C．运输类　　D．制备类

38．流水施工中，划分施工过程主要按（　　）施工过程划分。

A．制备类　　B．运输类　　C．建造类　　D．物资供应类

39．组织流水施工时，划分施工段的好处是（　　）。

A．由于施工工艺的要求

B．可增加更多的专业工作队

C．提供工艺或组织间歇时间

D．使各专业队在不同施工段进行流水施工

40．组织流水施工时，划分施工段的最根本目的是（　　）。

A．使工作面变小利于施工　　B．可增加更多的专业工作队

C．提供工艺或组织间歇时间　　D．实现流水施工的批量生产

41．组织流水施工时，对施工段的要求中说法正确的是（　　）。

A．施工段越多越好

B．施工段多少无所谓

C．施工段越少越好

D．以上说法都不正确，施工段应至少为2，方可组织流水作业

42．组织流水施工时，对施工段的数目要求的说法，正确的是（　　）。

A．施工段越多越好　　B．施工段多少无所谓

C．施工段越少越好　　D．施工段数应至少为2

43．组织流水施工时，对施工过程数目要求的说法，正确的是（　　）。

A．施工过程数越多越好

B．施工过程数多少无所谓

C．施工过程数越少越好

D．施工过程数应至少为2，方可组织流水作业

44．流水施工的实质是（　　）。

A．批量生产

B．专业化作业

C．充分利用工作面，尽可能连续作业

D．搭接作业

45．从流水施工的原理，我们可以看出流水施工主要讲究（　　）。

A．施工作业连续　　B．工作面连续

C．少停歇　　D．都不是

46．在组织流水施工时，用来表达流水施工的空间参数通常包括（　　）。

A．流水节拍　　B．流水步距　　C．施工过程　　D．施工段

47．流水施工参数通常有三类，其中流水强度属于（　　）。

A．时间参数　　B．空间参数　　C．工艺参数　　D．技术参数

48．组织流水的空间参数除施工段、施工层之外，还包括（　　）。

A．流水工期　　B．流水节拍　　C．流水强度　　D．工作面

49．组织流水时，最主要的空间参数是（　　）。

A．施工段　　B．流水节拍　　C．施工层　　D．工作面

50．（　　）是编制施工进度计划的一种重要方法。

A．内部流水法　　B．分别流水法　　C．专业流水法　　D．大流水法

51．如果施工段不变，若流水节拍变大，则流水步距（　　）。
A．变小　　B．不变　　C．变大　　D．不能确定

52．如果施工段不变，只是流水步距变大，则工期（　　）。
A．变小　　B．不变　　C．变大　　D．不能确定

53．在其他参数不变的情况下，如果流水节拍值减小，则工期（　　）。
A．减少　　B．不变　　C．增加　　D．不能确定

54．在其他参数不变的情况下，如果施工段增多，则工期（　　）。
A．减少　　B．增加　　C．不变　　D．不能确定

55．如果施工段增加、流水节拍变大，其他参数不变，则流水步距（　　）。
A．变小　　B．不变　　C．变大　　D．不能确定

56．如果施工段减少、流水节拍变小，其他参数不变，则流水步距（　　）。
A．变小　　B．不变　　C．变大　　D．不能确定

57．如果施工段减少、流水节拍变大，其他参数不变，则工期（　　）。
A．变小　　B．不变　　C．变大　　D．不能确定

58．在其他参数不变的情况下，如果流水节拍值增大，则工期（　　）。
A．减少　　B．不变　　C．增加　　D．不能确定

59．在其他参数不变的情况下，如果施工段减少，则工期（　　）。
A．减少　　B．不变　　C．增加　　D．不能确定

60．现有甲、乙、丙三个独立基础，分 A、B、C、D 四个施工过程，流水节拍见下表。则该工程最短工期为（　　）。

施工过程	基础甲	基础乙	基础丙
A	4	2	3
B	3	3	4
C	3	3	2
D	4	2	3

A．18 天　　B．19 天　　C．20 天　　D．21 天

61．流水施工参数见下表，则流水步距为（　　）。

施工过程	施工段 1	施工段 2	施工段 3
A	4	2	3
B	3	3	2

A．5 天　　B．4 天　　C．3 天　　D．2 天

62．流水施工参数见下表，则流水步距之和为（　　）。

施工过程	施工段 1	施工段 2	施工段 3
A	2	2	3
B	3	4	2
C	4	3	2

A．5 天　　B．6 天　　C．7 天　　D．4 天

63．下表为某分部工程施工的流水施工参数表，已知工期为 56 天，则所有流水步距之和为（　　）。

施工过程	施工段 1	施工段 2	施工段 3	施工段 4	施工段 5
A	5	3	3	2	5
B	3	3	5	4	2
C	4	2	5	3	4
D	3	4	3	2	4
E	3	2	3	3	5
F	2	4	2	4	3
G	3	3	5	3	3
H	2	2	2	3	4
I	4	2	4	5	1

A．43 天　　B．40 天　　C．56 天　　D．48 天

64．下表为某分部工程施工的流水施工参数表，但是已被他人涂画，现在难以识读。仅知道所有流水步距之和为 38 天，则可判断工期为（　　）。

施工过程	施工段 1	施工段 2	施工段 3	施工段 4	施工段 5
A	5	3	3	2	5
B	3	3	5	4	2
C	[illegible]	[illegible]	[illegible]	[illegible]	[illegible]
D	[illegible]	[illegible]	[illegible]	[illegible]	[illegible]
E	[illegible]	[illegible]	[illegible]	[illegible]	[illegible]
F	[illegible]	[illegible]	[illegible]	[illegible]	[illegible]
G	3	3	5	[illegible]	[illegible]
H	2	2	2	3	4
I	4	2	4	5	3

A．50 天　　B．54 天　　C．56 天　　D．68 天

65．某分部工程组织无节奏流水施工，如果甲和乙、乙和丙施工过程之间流水步距分别为 5 天和 3 天，丙施工过程的作业时间为 12 天，则该分部工程工期为（　　）。

A．8 天　　B．12 天　　C．15 天　　D．20 天

66．某分部工程组织无节奏流水施工，如果甲和乙、乙和丙施工过程之间流水步距分别为 2 天和 5 天，丙施工过程的作业时间为 11 天，则该分部工程工期为（　　）。

A．18 天　　B．16 天　　C．13 天　　D．11 天

67．下表为某分部工程施工的流水施工参数表，但是已被他人涂损，现在难以识读。仅知道所有流水步距之和为 26 天，则可判断工期为（　　）。

施工过程	施工段 1	施工段 2	施工段 3	施工段 4
A	5	3	3	2
B	[illegible]	[illegible]	[illegible]	[illegible]
C				
D				
E				
F				
G	3	3	5	3

A．30 天　　B．32 天　　C．40 天　　D．43 天

68．流水施工参数见下表，若要求施工过程 A、B 之间至少间歇 2 天，则流水工期为（　　）。

施工过程	施工段 1	施工段 2	施工段 3
A	3	2	3
B	4	3	7
C	6	2	6

A．25 天　　B．34 天　　C．27 天　　D．36 天

69．横道图的优点是（　　）。

A．关键工作明确　　B．逻辑关系清晰

C．便于进度比较　　D．编制简单、方便、直观

70．横道图和网络图相比其不足之处是（　　）。

A．绘制简单　　B．不可以进行工期、资源、费用的优化

C．关系表达清晰、明了　　D．不确定

71．在横道图中（　　）进行工期、资源、费用的优化。

A．可以　　B．不可以

C．有时可以，有时不可以　　D．不确定

72．组织流水施工，如果按专业成立专业队，则其优点为（　　）。

A．只有一个专业队在各施工段组织流水施工

B．各专业队在各施工段不能够组织流水施工

C．同一时间段只有一个专业队投入流水施工

D．有利于提高劳动生产率和工程质量

73．拟组织流水施工，如果不能组织独立的专业施工班组，则（　　）。

A．有利于提高劳动生产率和工程质量

B．不能够组织流水施工
C．只有一个专业队投入流水施工
D．只有一个专业队在各施工段组织流水施工

74．平行作业是指几个相同的工作队，在（　　）上进行施工。
A．同一时间　　B．同一空间
C．同一时间，不同空间　　D．同一时间，同一空间

75．组织平行施工，如果按专业成立专业队，则其特点不包括（　　）。
A．各工作面按施工顺序同时组织施工
B．不同专业的专业队在各施工段可平行施工
C．各施工段同时开展相同专业的施工
D．单位时间投入的资源成倍增加

76．组织平行作业的前提是（　　）。
A．各施工过程施工班组人数相等　　B．各施工过程的施工段数目相等
C．各施工过程的工期相等　　D．工作面允许且资源充足

77．各施工段同时开工、同时完成的施工组织方式是（　　）。
A．依次施工　　B．平行施工　　C．流水施工　　D．搭接施工

78．组织顺序施工时，如果按专业成立专业队，则其特点为（　　）。
A．各专业队不能在各段连续施工　　B．能够充分利用工作面
C．施工现场组织管理复杂　　D．消耗的资源多

79．施工段工作面的大小除以每个工人所需工作面可以得出（　　）。
A．专业施工队的数目　　B．消耗的资源多少
C．施工段上的工人数　　D．流水节拍的大小

80．某外墙抹灰施工段大小为 64m^2/人，工作面参考数据为 16m^2/人，则该施工段宜安排（　）人作业比较合理。
A．5　　B．1　　C．3　　D．4

81．组织流水施工时，划分施工段的益处在于（　　）。
A．可增加更多的专业队　　B．充分利用工作面
C．缩短施工工艺与组织间歇时间　　D．都不是

82．在编制单位工程施工进度计划时对于（　　）等施工过程，不需要计算时间参数，只安排其进行穿插作业。
A．基础工程　　B．主体工程　　C．脚手架工程　　D．装饰工程

83．（　　）施工过程，不需要计算时间参数，只安排其进行穿插作业。
A．屋面工程　　B．模板工程　　C．砌体工程　　D．水电安装

84．下列关于施工段的说法中，不正确的是（　　）。
A．在流水作业中，一般情况下，一个专业施工队只在一个施工段内进行施工

B．施工段的划分在不同的流水线中，可以采用不同的划分方法
C．施工段的划分在同一流水线中最好采用统一的划分方法
D．施工过程划分越多，则需要的专业队越少

85．下列关于施工段的描述，正确的是（　　）。
A．一个施工段内只允许由一个专业施工班组进行施工
B．施工段的划分在不同的流水线中，可以采用不同的划分方法
C．施工段的划分在同一流水线中必须采用统一的划分方法
D．施工过程划分越多，则需要的专业队越少

86．下列关于搭接时间和间歇时间对工期的影响，说法正确的是（　　）。
A．组织间歇时间使总工期增长
B．搭接时间使总工期增长
C．间歇时间与搭接时间均使总工期增长
D．搭接时间使总工期增长，间歇时间使总工期缩短

87．下列关于搭接时间和间歇时间对工期的影响，说法不正确的是（　　）。
A．间歇时间使总工期缩短
B．搭接时间使总工期缩短
C．间歇时间与搭接时间均使总工期增长
D．间歇时间使总工期增长

88．下列关于搭接时间和间歇时间对流水步距的影响，说法正确的是（　　）。
A．间歇时间使流水步距值增大
B．搭接时间使流水步距值增大
C．间歇时间与搭接时间均使流水步距值增大
D．搭接时间使流水步距值增大，间歇时间使流水步距值缩短

89．下列关于搭接时间和间歇时间对流水步距的影响，说法不正确的是（　　）。
A．技术间歇时间使流水步距值增大　　B．搭接时间只会使总流水步距值缩短
C．间歇时间使流水步距值增大　　D．间歇时间使流水步距值缩短

90．流水施工中，流水节拍是指（　　）。
A．相邻施工班组进入同一施工段作业的最小时间间隔
B．某个专业班组在一个施工段上的作业时间
C．某个专业班组在各个施工段上的作业时间
D．从第一个专业班组开始到最后一个专业班组完成最后一段施工过程的工作为止的整个持续时间

91．任一施工过程的流水节拍全相等，且不同施工过程之间的流水节拍均全相等的流水施工方式称为（　　）。
A．异节拍流水　　B．无节奏流水　　C．成倍节拍流水　　D．全等节拍流水

92．任一施工过程流水节拍全相等，不同施工过程之间的流水节拍不全相等，但均为其中最小的流水节拍的整数倍，此流水施工方式称为（ ）。

A．异节拍流水　B．无节奏流水　C．成倍节拍流水　D．全等节拍流水

93．任一施工过程流水节拍全相等，不同施工过程之间的流水节拍不全相等，且不为其中最小的流水节拍的整数倍，此流水施工方式称为（ ）。

A．异节拍流水　B．无节奏流水　C．成倍节拍流水　D．全等节拍流水

94．同一施工过程流水节拍不全相等，不同施工过程之间的流水节拍也不全相等，此类流水施工方式称为（ ）。

A．异节拍流水　B．无节奏流水　C．成倍节拍流水　D．全等节拍流水

95．最小劳动组合就是指某一施工过程正常施工所必需的（ ）限度的班组人数及其合理组合。

A．最低　B．最大　C．最高　D．任意

96．工作班制是某一施工过程在一天内轮流安排的班组次数，有一班制、两班制、三班制。对于现浇混凝土楼板，为了满足工艺上的要求，常采用（ ）施工。

A．一班制　B．两班制　C．三班制　D．两班制或三班制

97．增加班组人数可以缩小流水节拍进而达到缩短工期的目的，但是班组人数也不可以盲目增加，这是因为受到（ ）的限制。

A．时间　B．工种　C．工作面　D．流水强度

98．若用斜线图表示无节奏流水施工进度计划，则其图形是（ ）。

A．一组平行线段　B．一组不平行线段

C．一组折线段　D．都不是

99．若用斜线图表示全等节拍流水施工进度计划，则其图形是（ ）。

A．一组平行线段　B．一组不平行线段

C．一组折线段　D．都不是

100．若用斜线图表示异节拍流水施工进度计划，则其图形是（ ）。

A．一组平行线段　B．一组不平行线段

C．一组折线段　D．都不是

101．斜线图水平方向两相邻施工过程之间的线段长度表示（ ）。

A．施工段数　B．施工过程数　C．流水节拍　D．流水步距

102．若用斜线图表示有节奏流水施工进度计划，则其图形中线段的斜率表示（ ）。

A．流水步距的大小　B．施工段数

C．施工速度的快慢　D．都不是

103．若用斜线图表示流水施工进度计划，则其进展方向为（ ）。

A．从左往右　B．从上往下

C．从上往下、从左往右　　　　　　　D．从下往上、从左往右

104．成倍节拍流水中，两相邻专业工作队间的流水步距等于所有流水节拍中的（　　）。
A．最大值　　　B．最小值　　　C．平均值　　　D．都不是

105．成倍节拍流水中，两相邻专业工作队间的流水步距等于所有流水节拍中的（　　）。
A．最大公倍数　　　B．最小公倍数　　　C．最大公约数　　　D．最小公约数

106．组织成倍节拍流水施工时，最小流水节拍值也可以取为 1。此说法（　　）。
A．正确　　　　　　B．不正确

107．某分部工程有 A、B、C 三个施工过程，分两个施工段组织流水施工。如果三个施工过程的流水节拍值分别为 t_A=3 天、t_B=1 天、t_C=2 天，则宜组织（　　）流水施工。
A．成倍节拍　　　B．全等节拍　　　C．异节拍　　　D．无节奏

108．某分部工程有 A、B、C 三个施工过程，分两个施工段组织流水施工。三个施工过程的流水节拍值分别为 t_A=3 天、t_B=1 天、t_C=2 天，如果 B、C 施工过程组织混合班组施工，则该施工组织方式即为（　　）流水施工。
A．成倍节拍　　　B．全等节拍　　　C．异节拍　　　D．无节奏

109．（　　）结构房屋的施工以模板工、钢筋工和混凝土工为主要工种组织劳动力。
A．砖混　　　B．全现浇混凝土　　　C．预制装配式　　　D．A、B 和 C

110．（　　）结构房屋的施工以砌筑工为主要工种组织劳动力。
A．砖混　　　B．全现浇混凝土　　　C．预制装配式　　　D．A、B 和 C

111．主体结构施工时，假定各施工过程流水节拍相等，但由于存在上下层间的关系，若要组织全等流水施工，此时要求施工段 m 与施工过程 n 之间应满足的关系式为（　　）。
A．$m>n$　　　B．$m\geqslant n$　　　C．$m<n$　　　D．$m\leqslant n$

112．主体结构施工时，假定各施工过程流水节拍不完全相等，但由于存在上下层间的关系，若要组织流水施工，此时要求施工段 m 与施工过程 n 之间应满足的关系式为（　　）。
A．$m>n$　　　B．$m\geqslant n$　　　C．$m<n$　　　D．不确定

113．某主体结构施工进度计划如下图所示，根据此图判断下列说法正确的是（　　）。

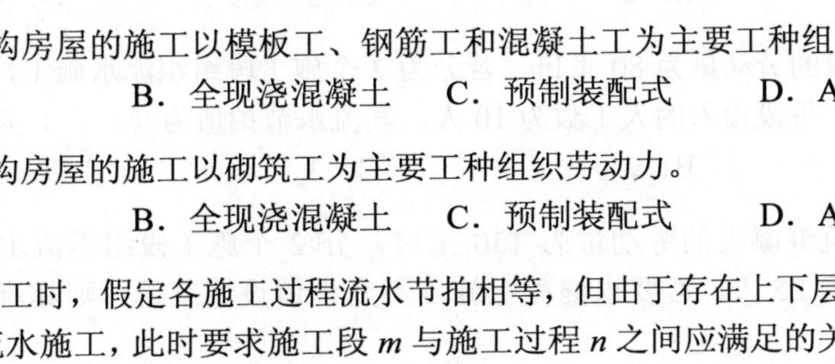

A．此图中施工段 $m=2$，施工过程 $n=3$，$m<n$，因此不能组织流水作业
B．施工过程 B、C 应连续作业
C．由于施工过程 B、C 作业不连续导致工期被拖长
D．工作面利用充分，因此工期没有被拖长

114．当组织主体结构全等节拍流水施工时，若要使各施工队组能连续施工、工作面有空闲，则需满足的条件是（　　）。
A．$m>n$　　B．$m\geqslant n$　　C．$m<n$　　D．$m=n$

115．当组织主体结构全等节拍流水施工时，若要使各施工队组能连续施工、工作面无空闲，则需满足的条件是（　　）。
A．$m>n$　　B．$m\geqslant n$　　C．$m<n$　　D．$m=n$

116．当组织主体结构流水施工时，若主导施工过程不能连续施工，则可以推断（　　）。
A．$m>n$　　B．$m=n$　　C．$m<n$　　D．都不是

117．某基础浇筑混凝土的劳动量为 360 工日，若分为 4 个施工段组织流水施工，每天采用 3 班制连续施工，每段投入的人工数为 30 人，其流水节拍值为（　　）天。
A．1　　B．2　　C．3　　D．4

118．某分部工程的劳动量为 80 工日，若分为 2 个施工段组织流水施工，每天采用 2 班制连续施工，每段投入的人工数为 10 人，其流水节拍值为（　　）天。
A．1　　B．2　　C．3　　D．4

119．某基础浇筑混凝土的劳动量为 150 工日，分 2 个施工段组织流水施工，每段投入的人工数为 25 人，若要求混凝土施工不允许留设施工缝，则其流水节拍值应该为（　　）天。
A．1　　B．2　　C．3　　D．4

120．某砌体工程的劳动量为 1600 工日，分 4 个施工段组织流水施工，每段投入的人工数为 25 人，则该砌体工程的作业时间为（　　）天。
A．16　　B．32　　C．40　　D．64

121．某分部工程的劳动量为 200 工日，若施工段数为 2，采用一班制组织流水施工，每段投入的人工数为 25 人，其流水节拍值为（　　）天。
A．1　　B．2　　C．3　　D．4

122．定额法确定流水节拍的公式是 $t_i=$（　　）。
A．$Q_i/(S_iR_iN_i)$　　B．$Q_iC/(S_iR_iN_i)$
C．$Q_iS_i/(R_iN_i)$　　D．$Q_i/(H_iR_iN_i)$

123．某基础大体积浇筑施工，劳动量为 360 工日，若分为 3 个施工段组织流水施工，每段投入的人工数为 60 人，则宜采用（　　）班制组织流水施工。
A．1　　B．2　　C．3　　D．4

124. 某施工过程的劳动量为 20 工日，若施工段数为 2，采用二班制组织流水施工，每段投入的人工数为 5 人，则流水节拍值为（　　）天。

A. 1　　B. 2　　C. 3　　D. 4

125. 某施工过程的劳动量为 20 工日，若施工段数为 2，采用二班制组织流水施工，每段投入的人工数为 5 人，则该施工过程工期为（　　）天。

A. 1　　B. 2　　C. 3　　D. 4

126. 某施工过程的劳动量为 30 工日，若施工段数为 2，每段投入的人工数为 5 人，则该施工过程的流水节拍最小可能为（　　）天。

A. 1　　B. 2　　C. 3　　D. 4

127. 已知某工程有 5 个施工过程，分成 4 段组织全等节拍流水施工，工期为 24 天，无技术间歇和组织间歇时间，则各施工过程之间的流水步距为（　　）天。

A. 1　　B. 2　　C. 3　　D. 4

128. 已知某工程有 4 个施工过程，分成 5 段组织全等节拍流水施工，工期为 64 天，无技术间歇和组织间歇时间，则各施工过程之间的流水节拍为（　　）天。

A. 16　　B. 13　　C. 8　　D. 7

129. 某工程有 6 个施工段，分为甲、乙、丙、丁 4 个施工过程。在没有间歇时间和搭接时间的情况下，组织全等节拍流水施工，若计划工期不超过 45 天，则流水步距最大可为（　　）。

A. 4 天　　B. 5 天　　C. 6 天　　D. 7 天

130. 某工程有 4 个施工段，分为甲、乙、丙、丁 4 个施工过程，组织全等节拍流水施工，乙、丙施工过程之间有 1 天间歇时间。若计划工期不超过 36 天，则各施工过程之间的最大流水步距为（　　）。

A. 4 天　　B. 5 天　　C. 6 天　　D. 7 天

131. 某工程有 3 个施工段，分为甲、乙、丙、丁 4 个施工过程。甲、乙施工过程之间有 7 天间歇时间，组织流水节拍为 2 天的有间歇全等节拍流水施工，则流水工期为（　　）。

A. 21 天　　B. 20 天　　C. 19 天　　D. 18 天

132. 某分部工程有 A、B、C 3 个施工过程，若分为 4 个施工段施工，每段流水节拍值均为 2 天，则该分部工程工期为（　　）天。

A. 14　　B. 12　　C. 13　　D. 15

133. 某分部工程施工过程数、施工段数及流水节拍值均为 5，则该分部工程工期为（　　）天。

A. 120　　B. 125　　C. 50　　D. 45

134. 某工程组织流水施工，流水节拍值均为整数，无间歇、搭接时间，则该工程流水工期最少为（　　）天。

A．2　　B．3　　C．6　　D．8

135．某分部工程有甲、乙、丙 3 个施工过程，分 4 个施工段施工，各施工过程流水节拍值分别为 $t_{甲}$=4 天、$t_{乙}$=2 天、$t_{丙}$=2 天。若组织成倍节拍流水施工，则该分部工程工期为（　）天。

A．16　　B．15　　C．14　　D．13

136．某分部工程有甲、乙、丙、丁 4 个施工过程，分 2 个施工段施工，各施工过程流水节拍值分别为 $t_{甲}$=3 天、$t_{乙}$=3 天、$t_{丙}$=6 天、$t_{丁}$=3 天。若组织成倍节拍流水施工，则流水步距为（　　）天。

A．2　　B．3　　C．4　　D．6

137．有甲、乙、丙三个施工过程，分 5 段施工，各施工过程流水节拍值分别为 $t_{甲}$=3 天、$t_{乙}$=6 天、$t_{丙}$=9 天。若组织成倍节拍流水施工（乙施工过程允许加班），则流水工期为（　　）天。

A．30　　B．33　　C．37　　D．36

138．某分部工程有 A、B、C3 个施工过程，分 3 个施工段施工，各施工过程流水节拍值分别 t_A=3 天、t_B=6 天、t_C=3 天，若将施工过程 B 采用两个施工队组织成倍节拍方式流水作业，则该分部工程工期为（　　）天。

A．12　　B．15　　C．18　　D．21

139．某分部工程有 A、B、C3 个施工过程，分 3 个施工段施工，各施工过程流水节拍值分别为 t_A=3 天、t_B=6 天、t_C=3 天，若将施工过程 B 安排二班制组织成倍节拍流水作业，则该分部工程工期为（　　）天。

A．12　　B．15　　C．18　　D．21

140．若流水节拍值均为整天，则组织成倍节拍流水施工需要的最短工期为（　　）。

A．3 天　　B．4 天　　C．5 天　　D．6 天

141．某分部过程包括施工过程 A 和 B，其劳动量分别为 60 工日和 30 工日，施工段数均为 2，作业人数均为 5 人。若施工过程 A 采用二班制、施工过程 B 采用一班制作业，组织成倍节拍流水施工，则工期为（　　）。

A．9 天　　B．12 天　　C．15 天　　D．18 天

142．某分部过程包括施工过程 A 和 B，其劳动量分别为 60 工日和 30 工日，施工段数均为 2，一班制作业，作业人数均为 5 人。若施工过程 A 增加一个施工队伍组织成倍节拍流水施工，则工期为（　）。

A．9 天　　B．12 天　　C．15 天　　D．18 天

143．某基础工程有甲、乙、丙 3 个施工过程，若分为 4 个施工段施工，流水节拍值分别为 $t_{甲}$=6 天、$t_{乙}$=3 天、$t_{丙}$=3 天。若甲施工过程允许采用 2 班制，则该基础工程流水施工工期为（　　）天。

A．12　　B．15　　C．18　　D．21

144．某基础工程有甲、乙、丙 3 个施工过程，若分为 4 个施工段施工，流水节拍值分别为 $t_{甲}$=6 天、$t_{乙}$=3 天、$t_{丙}$=3 天。若甲施工过程采用两个施工队，则该基础工程流水施工工期为（　　）天。

A．12　　B．15　　C．18　　D．21

145．某基础工程有甲、乙、丙 3 个施工过程，若分为 3 个施工段施工，流水节拍值分别为 $t_{甲}$=4 天、$t_{乙}$=2 天、$t_{丙}$=2 天。若甲施工过程既不增加班制也不增加施工队，则该基础工程流水施工工期为（　　）天。

A．18　　B．16　　C．14　　D．12

146．某分部工程有 A、B、C 3 个施工过程，若分为 3 个施工段施工，每段流水节拍值分别为 t_A=2 天、t_B=3 天、t_C=2 天。若组织异节拍流水施工，则流水步距分别为（　　）天。

A．2 和 5　　B．2 和 3　　C．2 和 2　　D．5 和 5

147．某分部工程有 A、B、C 3 个施工过程，若分为 3 个施工段施工，每段流水节拍值分别为 t_A=2 天、t_B=4 天、t_C=2 天，无间歇和搭接时间。若组织流水施工，则流水工期不可能为（　　）天。

A．10　　B．12　　C．14　　D．都不是

148．某分部工程有 A、B、C 3 个施工过程，若分为 3 个施工段施工，每段流水节拍值分别为 t_A=2 天、t_B=4 天、t_C=2 天，无搭接时间。若组织流水施工，则流水步距不可能为（　　）天。

A．1　　B．2　　C．8　　D．9

149．某分部工程有 A、B、C 3 个施工过程，若分为 3 个施工段施工，每段流水节拍值分别为 t_A=2 天、t_B=4 天、t_C=2 天，无间歇时间。若组织流水施工，则流水步距不可能为（　　）天。

A．1　　B．2　　C．8　　D．9

150．某建筑工程经设计确定的施工过程为 A、B、C、D，流水节拍值分别为 4 天、1 天、2 天和 1 天，施工段数也为 4，若从充分利用工作面的角度考虑组织施工作业（资源、人力供应等有限），则流水施工工期为（　　）天。

A．20　　B．16　　C．23　　D．24

151．某建筑工程经设计确定的施工过程为 A、B、C，流水节拍值分别为 4 天、1 天、3 天，施工段数也为 4，若从专业班组施工连续的角度考虑组织施工作业（资源、人力供应等有限），则流水施工工期为（　　）天。

A．20　　B．16　　C．23　　D．24

152．某建筑工程经设计确定的施工过程为 A、B、C，流水节拍值分别为 4 天、1 天、3 天，施工段数为 4。若组织成倍节拍流水施工作业，则流水施工工期为（　　）天。

A. 10　　B. 13　　C. 14　　D. 16

153. 某建筑工程经设计确定的施工过程为A、B、C，流水节拍值分别为3天、1天、2天，施工段数为5。若组织成倍节拍流水施工作业，则流水施工工期为（　　）天。

A. 9　　B. 8　　C. 7　　D. 6

154. 某建筑工程经设计确定的施工过程为A、B、C，流水节拍值分别为4天、1天、2天，施工段数为5。若组织成倍节拍流水施工作业，则流水施工工期（　　）为7天。

A. 可以　　B. 不可以

155. 某建筑工程经设计确定的施工过程为A、B、C，流水节拍值分别为4天、1天、2天，施工段数为5。若组织成倍节拍流水施工作业，则流水施工工期（　　）为11天。

A. 可以　　B. 不可以

156. 时间参数见下表，则施工过程A与B之间的流水步距为（　　）天。

施工段	施工过程			
	A	B	C	D
Ⅰ	3	3	4	3
Ⅱ	3	4	3	3
Ⅲ	4	3	3	2
Ⅳ	4	4	3	2

A. 3　　B. 4　　C. 5　　D. 2

157. 时间参数见下表，则施工过程A与B之间的流水步距为（　　）天。

施工过程	施工段			
	Ⅰ	Ⅱ	Ⅲ	Ⅳ
A	3	3	4	3
B	3	4	3	3
C	4	3	3	2
D	4	4	3	2

A. 3　　B. 2　　C. 5　　D. 4

158. 时间参数见下表，则施工过程B与C之间的流水步距为（　　）天。

施工过程	施工段			
	Ⅰ	Ⅱ	Ⅲ	Ⅳ
A	3	3	4	3
B	3	4	3	3
C	4	3	3	2
D	4	4	3	2

A. 5　　B. 4　　C. 3　　D. 2

159．时间参数见下表，则施工过程 A 与 B 之间的流水步距为（　　）天。

施工过程	施工段			
	I	II	III	IV
A	3	1	4	3
B	3	4	2	3
C	1	3	1	4

A．2　　B．3　　C．4　　D．5

160．时间参数见下表，则施工过程 B 与 C 之间的流水步距为（　　）天。

施工过程	施工段			
	I	II	III	IV
A	3	1	4	3
B	3	4	2	3
C	1	3	1	4
D	2	3	2	4

A．2　　B．3　　C．5　　D．7

161．时间参数见下表，则施工过程 C 与 D 之间的流水步距为（　　）天。

施工过程	施工段			
	I	II	III	IV
A	3	1	4	3
B	3	4	2	3
C	1	3	1	4
D	2	3	2	4
E	3	3	4	4

A．2　　B．3　　C．5　　D．7

162．时间参数见下表，则施工过程 D 与 E 之间的流水步距为（　　）天。

施工过程	施工段			
	I	II	III	IV
A	3	1	4	3
B	3	4	2	3
C	1	3	1	4
D	2	3	2	4
E	3	3	4	4

A．2　　B．3　　C．5　　D．7

163．时间参数见下表，则施工过程 E 的作业时间为（　　）天。

施工过程	施工段			
	Ⅰ	Ⅱ	Ⅲ	Ⅳ
A	3	1	4	3
B	3	4	2	3
C	1	3	1	4
D	2	3	2	4
E	3	3	4	4

A．12　　B．14　　C．16　　D．18

164．见下表，若施工过程B与C之间至少应间歇2天，则流水施工工期为（　　）天。

施工段	施工过程			
	A	B	C	D
Ⅰ	3	3	4	3
Ⅱ	3	4	3	3
Ⅲ	4	3	3	2

A．20　　B．19　　C．23　　D．18

165．见下表，若施工过程B与C之间至少应间歇3天，则施工过程B与C之间流水步距为（　　）天。

施工段	施工过程			
	A	B	C	D
Ⅰ	3	3	4	3
Ⅱ	3	4	3	3
Ⅲ	4	3	3	2

A．3　　B．4　　C．5　　D．6

166．见下表，若施工过程Ⅱ与Ⅲ之间至少应间歇1天，则施工过程B与C之间流水步距为（　　）天。

施工过程	施工段			
	A	B	C	D
Ⅰ	3	3	4	3
Ⅱ	3	4	2	3
Ⅲ	1	3	3	2

A．8　　B．7　　C．6　　D．5

167．在流水施工水平指示图表（斜线图）中，纵坐标表示（　　）。

A．施工过程　　B．施工进度　　C．施工段　　D．工期

168．在流水施工水平指示图表（斜线图）中，横坐标表示（　　）。

A．施工过程　　B．施工进度　　C．施工段　　D．工期

169．在流水施工水平指示图表（斜线图）中，线段斜率大小表示（　　）。
A．劳动量大小　　B．工程量大小
C．施工速度快慢　　D．工期

170．某二层全等节拍流水施工，流水节拍为2天，若 m=6、n=4，则工作面间歇时间为（　　）。
A．2天　　B．4天　　C．6天　　D．12天

171．某二层全等节拍流水施工，流水节拍为1天，若 m=3、n=3，则流水步距之和最大为（　　）。
A．3天　　B．4天　　C．5天　　D．6天

172．某二层全等节拍流水施工，流水节拍为1天，若 m=6、n=5，则流水步距之和最小为（　　）。
A．3天　　B．4天　　C．5天　　D．6天

173．组织流水施工时，应具备的条件不包括（　　）。
A．划分施工段、施工过程
B．每个施工过程应组织独立的施工班组
C．所有施工过程的施工均要连续
D．主导施工过程的施工作业要连续，相关施工过程之间应尽可能地进行搭接

174．组织流水施工时，应具备的先决条件是（　　）。
A．划分施工段、施工过程
B．每个施工过程应组织专业班组
C．所有施工过程的施工均要连续
D．主导施工过程的施工作业要连续，相关施工过程之间应尽可能搭接

175．流水施工的表达形式包括网络图以及（　　）。
A．横道图　　B．横道图、斜线图
C．斜线图　　D．都不是

176．流水施工较为合理、准确的表达形式是（　　）。
A．横道图　　B．时标网络图　　C．斜线图　　D．都不是

177．流水施工的表达形式不包括（　　）。
A．横道图　　B．斜线图　　C．平面布置图　　D．网络图

178．为了清晰地表达或描述流水施工方式在施工工艺、空间布置和时间安排上所处的状态，常常需引入一些参数将其量化，使之明晰。此类参数称为流水施工参数，包括（　　）。
A．工艺参数和时间参数　　B．时间参数和空间参数
C．工艺参数、空间参数和时间参数　　D．都不是

179．施工过程划分的数目多少和粗细程度，主要与下列四个因素中的（　　）有关。①施工计划的性质和作用；②施工方案；③劳动力的组织与工程量的大小；④施工质量。

A．①②③④　　B．①②③　　C．①②④　　D．②③④

180．空间参数是用以表达流水施工在空间上开展状态的参数，一般包括（　　）。

A．施工过程、施工段和施工层　　B．施工过程、施工段和工作面

C．工作面、施工段和施工层　　D．工作面、施工过程和施工层

181．用以表达流水施工在空间布置上所处状态的参数，主要有（　　）。

A．施工过程数　　B．施工段数　　C．流水节拍　　D．流水强度

182．施工段的划分原则包括：①施工段的数目及分界要合理；②各施工段上的劳动量应大致相等；③工作面应满足施工要求；④分层施工时，施工段的划分应能确保主导施工过程的施工连续这四个因素中的（　　）。

A．①②③④　　B．①②③　　C．①②④　　D．②③④

183．下列不属于划分施工段的基本要求的是（　　）。

A．以主导施工过程为依据　　B．尽量避开伸缩缝、沉降缝等结构分界线

C．施工段数要适宜　　D．各施工段劳动量大致相等

184．流水节拍的确定，通常可以采用的正确方法为：①三时估算法；②方差值法；③定额计算法；④工期计算法中的（　　）。

A．①②④　　B．①②③④　　C．①③④　　D．②③④

185．某一施工过程进行正常施工所必需的最低限度的班组人数及其合理组合称为（　　）。

A．工作面　　B．工作班制　　C．劳动组合　　D．最小劳动组合

186．在确定流水节拍时应考虑：①专业工作队人数要符合最小劳动组合的人数要求和工作面对人数的限制条件；②工作班制要适当；③机械台班效率或机械台班产量的大小；④主导施工过程的流水节拍中的（　　）。

A．①②③　　B．①②④　　C．③④　　D．①②③④

187．流水施工中，流水步距是指（　　）。

A．施工过程之间的最小时间间隔　　B．相邻施工过程之间开始施工的时间间隔

C．施工过程之间的时间间隔　　D．都不是

188．在确定流水步距时，需注意的几点为：①要满足相邻施工过程之间的相互制约关系；②保证各专业施工班组能够连续施工；③以保证质量和安全为前提，对相邻施工过程在时间上进行最大限度地、合理地搭接中的（　　）。

A．①②③　　B．①②　　C．②③　　D．①③

189．下列关于间歇时间的说法正确的是（　　）。

A．间歇时间是根据工艺、技术要求或组织安排而留出的等待时间

B．间歇时间只有组织间歇时间一种

C．间歇时间只有技术间歇时间一种

D．组织间歇时间不同于技术间歇时间，但两者在数量上是相等的

190．下列关于间歇时间的说法不正确的是（　　）。

A．间歇时间是根据工艺、技术要求或组织安排而留出的等待时间

B．间歇时间只有组织间歇时间一种

C．间歇时间分为技术间歇时间和组织间歇时间

D．组织间歇时间不同于技术间歇时间，一般它随人的主观意识而定

191．无间歇全等节拍流水施工方式的特点应为：①各施工过程流水节拍均相等，为一常数；②流水步距均相等，且与流水节拍相等；③专业工作队的数目 N 与施工过程数 n 相等，即 $N=n$；④各专业工作队均能连续施工，工作面没有停歇几条中的（　　）。

A．①②　　B．①②③　　C．①②④　　D．①②③④

192．无间歇全等节拍流水施工方式的工期计算公式（单层施工）为（　　）。

A．$T=(m+n)t$　　B．$T=(m-n)t$

C．$T=(m+n-1)t$　　D．$T=(m-n-1)t$

193．无间歇全等节拍流水施工方式的工期计算公式（分层施工，r 为层数）为（　　）。

A．$T=(mr+n-1)t$　　B．$T=(mr+n)t$

C．$T=(m+nr-1)t$　　D．$T=(mr+n-1)t$ 或 $T=(m+nr-1)t$

194．有间歇全等节拍流水施工方式的特点应为：①各施工过程流水节拍均相等；②流水步距与流水节拍不完全相等；③专业工作队的数目 N 与施工过程数 n 相等；④各专业工作队均能连续施工，工作面没有停歇几条中的（　　）。

A．①②　　B．①②③　　C．①②④　　D．①②③④

195．若要实现无间歇全等节拍分层流水施工，则要求满足（　　）。

A．$r=2$　　B．$m\geqslant n$　　C．$m=n$　　D．$m<n$

196．某无间歇全等节拍流水施工（施工层数为 $r=2$），若施工过程数为 4，流水节拍值为 3 天，则其工期为（　　）天。

A．22　　B．33　　C．44　　D．24

197．某无间歇全等节拍流水施工，已知流水步距为 3 天，有 4 个施工过程、2 个施工段，则流水工期为（　　）天。

A．9　　B．18　　C．6　　D．15

198．某无间歇全等节拍流水施工，其流水节拍为 2 天，有 3 个施工过程、3 个施工段，则流水步距应取（　　）天。

A．2　　B．6　　C．3　　D．8

199．某无间歇全等节拍流水施工（施工层数为 $r=2$），其流水节拍、施工过程均为 3，则最

后一个施工过程的作业时间为（　　）天。

A．7　　B．8　　C．9　　D．10

200．甲、乙、丙、丁、戊、己、庚、辛 8 个施工过程组织依次施工，若各施工过程的作业时间分别为 8 天、7 天、7 天、6 天、9 天、8 天、7 天、6 天。已知甲、乙两施工过程之间搭接 3 天，丁、戊两施工过程之间间歇 1 天，庚、辛两施工过程之间搭接 4 天，则该项目施工工期为（　　）。

A．51 天　　B．59 天　　C．52 天　　D．58 天

201．甲、乙、丙、丁、戊、己 6 个施工过程组织依次施工，若各施工过程的作业时间分别为 8 天、7 天、7 天、8 天、7 天、6 天。已知甲、乙两施工过程之间搭接 2 天，丁、戊两施工过程之间间歇 3 天，则该项目施工工期为（　　）。

A．43 天　　B．44 天　　C．45 天　　D．46 天

202．某项目包括甲、乙、丙、丁 4 个施工过程，若各施工过程的作业时间分别为 18 周、31 周、7 周、8 周。已知甲、乙两施工过程之间搭接 3 周，丙、丁两施工过程之间间歇 1 周，则该项目施工工期为（　　）。

A．64 周　　B．68 周　　C．62 周　　D．65 周

203．甲、乙、丙、丁、戊 5 个施工过程组织依次施工，若各施工过程的作业时间分别为 8 天、5 天、7 天、4 天、6 天。已知甲、乙两施工过程之间搭接 2 天，丁、戊两施工过程之间技术间歇 3 天，乙、丁两施工过程之间组织间歇 1 天，则该项目施工工期为（　　）。

A．36 天　　B．32 天　　C．35 天　　D．34 天

204．甲、乙、丙、丁、戊、己、庚、辛 8 个施工过程组织依次施工，若各施工过程的作业时间分别为 8 天、7 天、7 天、6 天、9 天、8 天、7 天、6 天，则该项目施工工期为（　　）。

A．51 天　　B．59 天　　C．52 天　　D．58 天

205．甲、乙、丙、丁、戊、己、庚、辛 8 个施工过程组织依次施工，若各施工过程的作业时间分别为 8 天、7 天、6 天、6 天、7 天、8 天、7 天、6 天。已知甲、乙两施工过程之间间歇 3 天，庚、辛两施工过程之间间歇 1 天，则该项目施工工期为（　　）。

A．51 天　　B．59 天　　C．52 天　　D．58 天

206．甲、乙、丙、丁、戊、己、庚、辛 8 个施工过程组织依次施工，若各施工过程的作业时间分别为 8 天、5 天、7 天、6 天、9 天、8 天、5 天、6 天。已知甲、乙两施工过程之间搭接 1 天，丁、戊两施工过程之间搭接 1 天，则该项目施工工期为（　　）。

A．51 天　　B．59 天　　C．52 天　　D．58 天

207．通常，若施工过程数为 n，则流水步距的数量为（　　）。

A．n 个　　B．$n+1$ 个　　C．$n-1$ 个　　D．$n+2$ 个

208．某全等节拍流水施工分 6 个施工过程，施工层数为 2。若施工进度计划施工层横向排

列，则流水步距的数量为（　　）。

A．6　　B．5　　C．4　　D．3

209．某全等节拍流水施工分 5 个施工过程，施工层数为 2。若施工进度计划施工层竖向排列，则流水步距的数量为（　　）。

A．7　　B．8　　C．9　　D．10

210．在确定流水步距的个数时，需根据（　　）确定。

A．m　　B．n　　C．a　　D．t

211．下列关于成倍节拍流水施工方式的说法，不正确的是（　　）。

A．同一个施工过程的流水节拍全都相等

B．不同施工过程之间的流水节拍不全等且具有差异性

C．不同施工过程之间的流水节拍不全等，但均为其中最小流水节拍的整数倍

D．成倍节拍流水施工方式可视作变相的全等节拍流水施工方式

212．下列关于成倍节拍流水施工方式的说法，正确的是（　　）。

A．流水节拍全都相等

B．流水节拍全不相等

C．各施工过程的流水节拍均为其中最小流水节拍的整数倍

D．成倍节拍流水施工方式的施工班组数或工作班数与施工过程数相同

213．下列关于成倍节拍流水施工方式特点的描述，不正确的是（　　）。

A．个别施工队不能连续施工

B．不同施工过程之间的流水步距均相等

C．各施工过程的流水节拍均为其中某流水节拍的整数倍

D．施工班组数或工作班数多于施工过程数

214．下列关于成倍节拍流水施工方式的说法，正确的是（　　）。

A．流水节拍全都相等

B．流水节拍全不相等

C．不同施工班组施工段数不一定相等

D．施工班组数或工作班数不小于施工过程数

215．关于成倍节拍流水施工方式，某施工过程的施工班组数或工作班数为其流水节拍与最小流水节拍的比值。此说法（　　）。

A．正确　　B．错误

216．关于成倍节拍流水施工方式，某施工过程的施工班组数应该为其流水节拍与最小流水节拍的比值。此说法（　　）。

A．正确　　B．不正确

217．关于成倍节拍流水施工方式，某施工过程的工作班数应该为其流水节拍与最小流水节

拍的比值。此说法（　　）。

A．正确　　　　　　　　　　B．不正确

218．某分部工程施工，施工段为 6，流水节拍为：t_A=6 天，t_B=2 天，t_C=4 天。若在施工队伍有限的条件下组织流水作业，则工期为（　　）。

A．18 天　　B．22 天　　C．32 天　　D．16 天

219．某分部工程施工，施工段为 6，流水节拍为：t_A=6 天，t_B=2 天，t_C=4 天。若在施工队伍不受限制但不允许加班的条件下组织流水作业，则工期为（　　）。

A．18 天　　B．22 天　　C．32 天　　D．16 天

220．关于异节拍流水施工方式的描述：①各施工过程的流水节拍均相等；②不同的施工过程其流水节拍不全等且也不为其中最小的流水节拍的整数倍；③专业工程队数与施工过程数相等；④流水步距彼此相等。其中正确的有（　　）个。

A．1　　B．2　　C．3　　D．4

221．关于异节拍流水施工方式流水步距的确定（无间歇时间和搭接时间），正确的是（　　）。

A．当 $t_i \leqslant t_{i+1}$ 时，$K_{i,i+1}=t_i$

B．当 $t_i > t_{i+1}$ 时，$K_{i,i+1}=mt_i-(m-1)t_{i+1}$

C．当 $t_i \leqslant t_{i+1}$ 时，$K_{i,i+1}=t_i$；当 $t_i > t_{i+1}$ 时，$K_{i,i+1}=mt_i-(m-1)t_{i+1}$

D．都不是

222．某班级教室有 3 个房间，每次安排 1 名男生和 1 名女生 2 位值日生，洒水和扫地的作业时间均为 3min/（人・间），要求女生洒水男生扫地（为了避免扬尘，对应房间应洒过水之后再扫地），若组织顺序作业则工期为（　　）天。

A．12　　B．22　　C．6　　D．18

223．某班级教室有 3 个房间，每次安排 1 名男生和 1 名女生 2 位值日生，洒水和扫地的作业时间均为 3min/（人・间），要求女生洒水男生扫地（为了避免扬尘，对应房间应洒过水之后再扫地），若组织平行作业则工期为（　　）天。

A．12　　B．22　　C．6　　D．18

224．某班级教室有 3 个房间，每次安排 1 名男生和 1 名女生 2 位值日生，洒水和扫地的作业时间均为 3min/（人・间），要求女生洒水男生扫地（为了避免扬尘，对应房间应洒过水之后再扫地），若组织顺序作业则工期为（　　）天。

A．12　　B．22　　C．36　　D．18

225．依次施工的特点不包括（　　）。

A．按照单一的顺序组织施工

B．单位时间内投入的劳动力等物资资源比较少，有利于资源供应的组织工作

C．时空关系没有处理好，工期拉得很长

D．现场管理比较繁琐

226．依次施工的工期比较长的根本原因在于（　　）。

A．施工作业不连续
B．投入的劳动力比较少
C．时空关系没有处理好，工期拉得很长
D．都不是

227．平行施工的特点不包括（　　）。
A．平行施工的总工期比较短
B．单位时间内投入的劳动力等物资资源倍增，资源供应的组织工作难度加大
C．现场组织管理相当困难
D．各施工班组作业量增加

228．下列关于无节奏流水施工方式适用范围的描述不正确的是（　　）。
A．无节奏流水施工方式的流水节拍没有时间约束，在施工计划安排上比较自由灵活
B．无节奏流水施工方式能够适应各种结构各异、规模不等、复杂程度不同的工程
C．无节奏流水施工方式在分部工程、单位工程施工中较为常见
D．无节奏流水施工方式具有广泛的应用性，在实际施工中较常见

229．下列关于全等节拍流水施工方式适用范围的描述不正确的是（　　）。
A．全等节拍流水方式比较适用于施工过程数较少的分部工程流水
B．全等节拍流水方式多见于施工对象结构简单、规模较小的房屋工程或线性工程
C．全等节拍流水方式对于流水节拍要求较严格，组织起来较困难
D．全等节拍流水方式的实际应用很广泛

230．下列关于成倍节拍流水施工方式适用范围的描述不正确的是（　　）。
A．成倍节拍流水施工方式比较适用于线性工程（如管道工程、道路工程等）的施工
B．若不能划分成足够的流水段或配备足够的资源，则不能采用成倍节拍流水施工方式
C．成倍节拍流水方式对于流水节拍要求较严格，不易组织
D．成倍节拍流水要求施工段的数目应是各施工队数目的最小公倍数

231．下列关于异节拍流水施工方式的说法不正确的是（　　）。
A．异节拍流水施工方式有别于全等节拍流水施工和成倍节拍流水施工
B．同一个施工过程的流水节拍全都相等
C．异节拍流水施工方式可视作无节奏流水施工方式
D．专业工程队数与施工过程数相等（即 $N=n$）

232．下列关于异节拍流水施工方式的时间参数的说法不正确的是（　　）。
A．当专业施工队作业连续且 $t_i \leq t_{i+1}$ 时，流水步距 $K_{i,i+1}=t_i$
B．当专业施工队作业连续且 $t_i > t_{i+1}$ 时，流水步距 $K_{i,i+1}=mt_i-(m-1)t_{i+1}$
C．当专业施工队作业连续时，工期 $T=(m-1)t_{max}+\Sigma t$
D．当专业施工队作业连续时，工期 $T=\Sigma K_{i,i+1}+mt_n$

233．比较下图所示两种施工组织方式，其中说法正确的是（　　）。

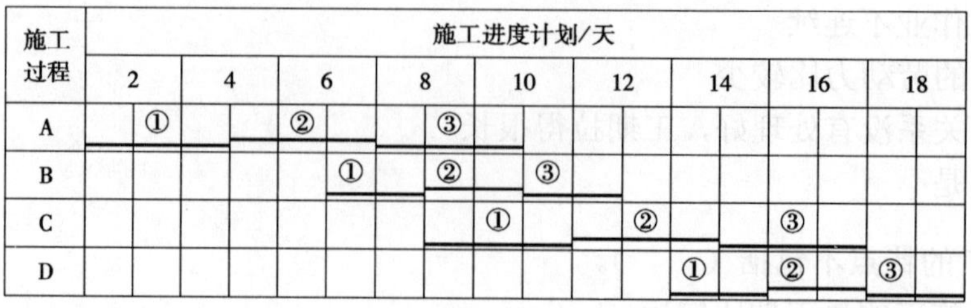

图 1

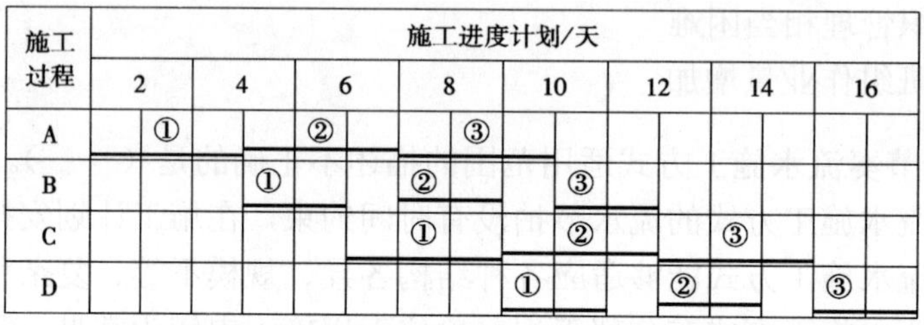

图 2

A．图 1 所示施工组织方式其专业施工队作业连续

B．图 2 所示施工组织方式其专业施工队作业不连续，因此工期拖得很长

C．图 1 所示施工组织方式即是通常所说的流水施工方式

D．图 2 所示施工组织方式即是通常所说的流水施工方式

234．分层组织流水施工时，施工层横向排列绘制的施工进度计划表与施工层竖向排列绘制的施工进度计划表相比，其优点在于（　　）。

A．表达清晰直观　　　　B．时间参数明显

C．节省纸张篇幅　　　　D．都不是

235．分层组织流水施工时，施工层竖向排列绘制的施工进度计划表与施工层横向排列绘制的施工进度计划表相比，其优点在于（　　）。

A．表达清晰直观　　　　B．时间参数明显

C．节省纸张篇幅　　　　D．都不是

236．全等节拍流水施工的流水步距计算公式为（　　）。

A．流水步距 $K_{i,i+1}=t_i$

B．流水步距 $K_{i,i+1}=t_i+Z_1-t_d$（Z_1 为间歇时间、t_d 为搭接时间）

C．流水步距 $K_{i,i+1}=t_i+Z_1$

D．流水步距 $K_{i,i+1}=t_i-t_d$

237．成倍节拍流水施工的流水步距计算公式为（　　）。

A．流水步距 $K_{i,i+1}=t_{min}$

B．流水步距 $K_{i,i+1}=t_{min}+Z_1-t_d$（$Z_1$ 为间歇时间、t_d 为搭接时间）

C．流水步距 $K_{i,i+1}=t_{min}+Z_1$

D．流水步距 $K_{i,i+1}=t_{min}-t_d$

238. 异节拍流水施工的流水步距计算公式为（　　）。

A. 流水步距 $K_{i,i+1}=t_i$

B. 流水步距 $K_{i,i+1}=t_i+Z_1-t_d$（Z_1 为间歇时间、t_d 为搭接时间）

C. 流水步距 $K_{i,i+1}=t_i$（$t_i \leqslant t_{i+1}$）或 $K_{i,i+1}=mt_i-(m-1)t_{i+1}$（$t_i>t_{i+1}$）

D. 流水步距 $K_{i,i+1}=t_{min}-t_d$

239. 全等节拍流水施工（不分层）的流水工期计算公式为（　　）。

A. 流水步距 $T=(m+n-1)t$

B. 流水步距 $T=(m+n-1)t+Z_1-t_d$（Z_1 为间歇时间、t_d 为搭接时间）

C. 流水步距 $T=(m+n-1)t+Z_1$

D. 流水步距 $T=(m+n-1)t-t_d$

240. 成倍节拍流水施工（不分层）的流水工期计算公式为（　　）。

A. 流水步距 $T=(m+N-1)t$

B. 流水步距 $T=(m+N-1)t-t_d$（t_d 为搭接时间）

C. 流水步距 $T=(m+N-1)t+Z_1$（Z_1 为间歇时间）

D. 流水步距 $T=(m+N-1)t+Z_1-t_d$

241. 异节拍流水施工（不分层）的流水工期计算公式为（　　）。

A. 流水步距 $T=(m+N-1)t$

B. 流水步距 $T=(m+N-1)t+Z_1-t_d$（Z_1 为间歇时间、t_d 为搭接时间）

C. 流水步距 $T=\Sigma K_{i,i+1}+mt_n$（t_n 为最后一个施工过程的流水节拍值）

D. 流水步距 $T=\Sigma K_{i,i+1}+mt_n+Z_1$

242. 无间歇全等节拍流水施工方式的工期计算公式（分层施工，r 为层数）可采用（　　）。

A. $T=mr+(n-1)t$　　B. $T=(mr+n-1)t$

C. $T=(mr+n)t-1$　　D. $T=(mr+n)t$

243. 有间歇全等节拍流水施工方式的工期计算公式（分层施工，r 为层数）可采用（　　）。

A. $T=mr+(n-1)t$　　B. $T=(mr+n)t+(r-1)Z_1$

C. $T=(mr+n)t-1+Z_1$　　D. $T=(mr+n-1)t+Z_1$

244. 成倍节拍流水施工方式的工期计算公式（分层施工，r 为层数）可采用（　　）。

A. $T=mr+(N-1)t_{min}$　　B. $T=(mr+N)t_{min}+Z_1$

C. $T=(mr+N-1)t_{min}+Z_1$　　D. $T=(mr+N)t_{min}-1+Z_1$

245. 异节拍流水施工方式的工期计算公式（分层施工，r 为层数）可采用（　　）。

A. $T=mr+(n-1)t$　　B. $T=(mr+n-1)t$

C. $T=\Sigma K+mt_n$　　D. $T=\Sigma t_i+(rm-1)t_{max}$

246. 采用混合班组作业将直接引起（　　）的变化。

A. 施工过程数　　B. 施工工艺　　C. 工作面　　D. 施工段数

247. 确定施工项目每班安排人数，应满足最小劳动组合和（　　）的要求。

A．施工过程　　B．施工工艺　　C．最小工作面　　D．最大工作面

248．确定施工项目每班安排人数，应满足最小工作面和（　　）的要求。
A．最小劳动组合　B．施工工艺　　C．施工过程　　D．最大工作面

249．无节奏流水施工方式的特点应为：①同一施工过程的流水节拍值未必全等；②不同施工过程之间的流水节拍值不完全相等；③专业工程队数目与施工过程数相等（即 $N=n$）；④各专业施工队能够连续施工，但工作面可能有闲置。以上几条中的（　　）。
A．①②　　B．①②③　　C．①②④　　D．①②③④

250．下列特点的描述中，不属于无节奏流水施工的是（　　）。
A．不同施工过程之间在各段上的节拍可能不等
B．施工段可能有空闲
C．每个施工队在每个施工层内都能连续作业
D．施工队数多于施工过程数

251．下图所示施工组织方式其工期计算公式可为（　　）。

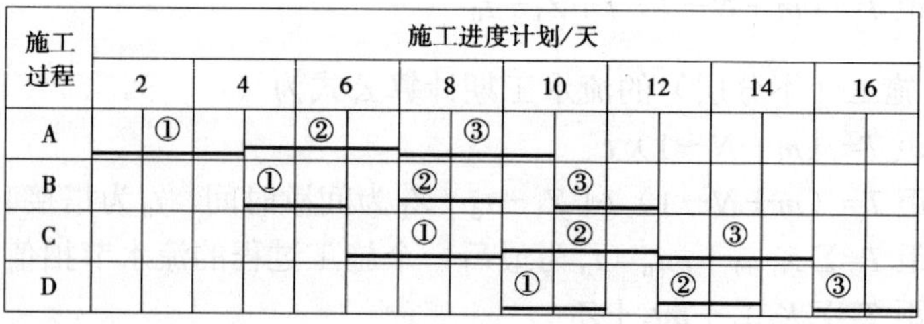

A．$T=(m-1)t_{\max}+\sum t_i$　　B．$T=(m+n-1)t_{\max}$
C．$T=mt_{\max}+\sum t_i$　　D．都不是

252．某成倍节拍流水施工，3 个施工过程的流水节拍分别为 6 天、2 天、4 天，则在组织流水施工时应组织（　　）个施工班组。
A．12　　B．6　　C．3　　D．9

253．某流水施工，有 4 个施工过程，流水节拍分别为 3 天、6 天、3 天、3 天，则在组织成倍节拍流水施工时应组织（　　）个施工班组。
A．5　　B．6　　C．7　　D．8

254．某流水施工各施工过程流水节拍分别为 6 天、9 天、3 天，则在组织成倍节拍流水施工时流水节拍应取（　　）天。
A．12　　B．6　　C．3　　D．9

255．某流水施工，分 3 段施工，有甲、乙、丙、丁 4 个施工过程，流水节拍分别为 6 天、4 天、2 天、4 天，则组织成倍节拍流水施工时（允许加班）流水工期为（　　）天。
A．12　　B．16　　C．22　　D．20

256．某无间歇全等节拍流水施工，施工过程和施工段数均为 3，施工期间劳动力消耗最大

值为 18 人，施工工期为 5 天，则该施工项目的总劳动量为（　　）工日。

A．60　　B．54　　C．108　　D．540

257．某无间歇全等节拍流水施工，施工过程和施工段数均为 3，施工期间劳动力消耗最大值为 18 人，施工工期为 10 天，则该施工项目的总劳动量为（　　）工日。

A．60　　B．54　　C．108　　D．540

258．在（　　）流水施工中，施工队的总数不小于其中包含的工序（或施工过程）数。

A．成倍节拍　　B．全等节拍　　C．异节拍　　D．无节奏

259．在全等节拍流水施工中，施工队的总数（　　）其中包含的工序（或施工过程）数。

A．大于　　B．等于　　C．小于　　D．不小于

260．在成倍节拍流水施工中，施工队的总数（　　）其中包含的工序（或施工过程）数。

A．大于　　B．等于　　C．小于　　D．不小于

261．在异节拍流水施工中，施工队的总数（　　）其中包含的工序（或施工过程）数。

A．大于　　B．小于　　C．等于　　D．不小于

262．在组织流水施工时，用来表达流水施工在施工工艺方面进展状态的参数通常包括（　　）。

A．施工段　　B．流水节拍和流水步距

C．施工过程和流水强度　　D．施工过程和流水步距

263．某两层主体结构在组织无间歇全等节拍流水施工时，若要求工期不超过 30 天，流水节拍为 3 天，则在划分施工段时应使施工段数不超过（　　）个。

A．2　　B．3　　C．4　　D．5

264．某两层主体结构组织无间歇全等节拍流水施工，仅知道流水节拍值为 1 天、单层施工工期为 5 天。请问该两层主体结构流水施工工期为（　　）天。

A．10　　B．9　　C．8　　D．5

265．（　　）又叫横道图、条状图，它是在第一次世界大战时期发明的。

A．甘特图　　B．单代号网络图

C．双代号网络图　　D．网络图

266．某异节拍流水施工，流水节拍分别为 8 天、5 天、3 天，则较为理想的组织方式是（　　）。

A．三个施工过程均连续施工

B．主导施工过程组织连续施工

C．主导施工过程组织连续施工，后面两个组织混合班组连续施工

D．都不是

267．关于单位工程流水施工的说法不正确的是（　　）。

A．基础分部可以实现流水施工

B．主体结构施工实现流水施工也不难

C．整体实现流水施工不大可能
D．整体实现流水施工非常容易

268．关于单位工程流水施工的说法正确的是（　）。
A．基础分部可以实现全等节拍流水施工
B．主体结构施工实现全等节拍流水施工也不难
C．整体实现全等节拍流水施工很有可能
D．整体即使实现不了全等节拍流水施工，也可以实现其他方式流水施工

269．当主体分层流水施工时，各施工层施工进度计划的排列应该是（　　）。
A．竖向排列　　B．横向排列
C．横向、竖向都可以　　D．斜向排列

270．组织有节奏流水施工的前提是（　　）。
A．各施工过程施工班组人数相等　　B．各施工过程的施工段数目相等
C．各施工过程的作业时间相等　　D．同一施工过程的流水节拍相等

271．选择每日作业班数、每班作业人数，是在确定（　　）参数时需要考虑的。
A．施工过程数　　B．施工段数
C．流水节拍　　D．流水步距

272．下面关于异节拍流水施工方式的应用范围描述，其中不正确的是（　　）。
A．异节拍流水施工方式对于不同施工过程的流水节拍限制条件较少
B．异节拍流水施工方式在计划进度的组织安排上比全等节拍和成倍节拍流水施工灵活得多
C．异节拍流水施工方式在计划进度的组织安排上没有成倍节拍流水施工灵活
D．异节拍流水施工方式实际应用最为广泛

273．下面关于“潘特考夫斯基法”的描述，其中不正确的是（　　）。
A．该法可用于求解异节拍流水施工方式的流水步距
B．该法仅可用于求解无节奏流水施工方式的流水步距
C．该法可用于求解有节奏流水施工方式的流水步距
D．该法既可用于求解无节奏流水施工方式的流水步距，又可用于求解有节奏流水施工方式的流水步距

274．采用“潘特考夫斯基法”求解流水步距时，其操作步骤包括：①斜减（或错位相减）；②累加；③取大差。其中正确的操作顺序应该是（　　）。
A．①→②→③　　B．①→③→②
C．②→①→③　　D．②→③→①

275．下面关于无节奏流水施工方式的使用范围，其中不正确的观点是（　　）。
A．无节奏流水施工方式在施工计划安排上比较自由灵活
B．无节奏流水施工方式能够适应各种结构各异、规模不等、复杂程度不同的工程

C．无节奏流水施工方式在实际施工中较常见

D．无节奏流水施工方式在基础工程施工中最为常见

276．下面关于“潘特考夫斯基法”的描述，其中正确的是（　　）。

A．该法不可用于求解异节拍流水施工方式的流水步距

B．该法仅可用于求解无节奏流水施工方式的流水步距

C．该法仅可用于求解有节奏流水施工方式的流水步距

D．该法既可用于求解无节奏流水施工方式的流水步距，又可用于求解有节奏流水施工方式的流水步距

277．在工作班制的选择上，只要可能，尽量选择（　　）班制。

A．一　　B．二　　C．三　　D．四

278．施工进度计划表上所说的“一天”指的是（　　）。

A．一整天即 24 小时　　B．一个白天即从日出到日落

C．8 个小时　　D．周一至周五中的任何一天

279．关于下图说法正确的是（　　）。

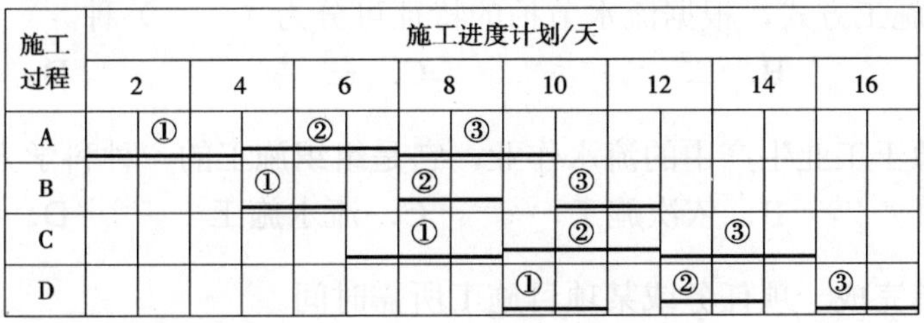

A．专业施工班组 B 如果作业连续，则工期会减少 2 天

B．出现专业施工班组作业不连续的原因是各施工过程流水节拍具有差异性

C．如果专业施工班组 B、C 作业连续，则工期至少会减少 2 天

D．该组织作业方式不符合流水施工的思想

280．关于下图说法不正确的是（　　）。

A．专业施工班组 B 作业不连续，但施工段利用充分

B．出现专业施工班组作业不连续的原因是各施工过程流水节拍具有差异性

C．如果专业施工班组 B、C 作业连续，则工期至少会减少 2 天

D．该组织作业方式符合流水施工的思想

281．绘制横道图时（流水节拍已知），其操作步骤包括：①绘制施工进度计划表；②求流水步距；③求工期。其中正确的操作顺序应该是（　　）。

A．①→②→③　　B．③→②→①

C．②→①→③　　D．②→③→①

282．关于下面两图所示的施工组织方式，其中描述正确的是（　　）。

施工过程	施工班组	施工进度计划/天									
		2	4	6	8	10	12	14	16	18	20
A	A_1	①	②	③	④	⑤					
	A_2		①	②	③	④	⑤				
	A_3			①	②	③	④	⑤			
B	B				①	②	③	④	⑤		
C	C_1					①	②	③	④	⑤	
	C_2						①	②	③	④	⑤

图 1

施工过程	施工班次	施工进度计划/天						
		2	4	6	8	10	12	14
A	1	①	②	③	④	⑤		
	2	①	②	③	④	⑤		
	3	①	②	③	④	⑤		
B	1		①	②	③	④	⑤	
C	1			①	②	③	④	⑤
	2			①	②	③	④	⑤

图 2

A．图 1 所示施工组织方式在计算工期时要考虑施工班组数大于施工过程数
B．图 2 所示施工组织方式在计算工期时要考虑施工班组数大于施工过程数
C．图 1 所示施工组织方式，通常通过增加施工班组或班制实现
D．图 2 所示施工组织方式在计算工期时，应考虑到施工班次的增加会引起工期增加

283．常见的流水施工方式分为有节奏和（　　）流水施工。
A．全等节拍　　B．成倍节拍　　C．无节奏　　D．异节拍

284．有节奏流水施工方式，根据流水节拍的特征可分为（　　）种。
A．一　　B．二　　C．三　　D．四

285．（　　）来源于工业生产中的流水作业，它是组织施工的一种科学方法。
A．平行施工　　B．依次施工　　C．流水施工　　D．搭接施工

286．（　　）是指完成一项任务或某项目施工所需时间。
A．流水节拍　　B．流水步距　　C．流水工期　　D．搭接时间

287．影响流水节拍数值大小的因素不包括（　　）。
A．施工工艺　　B．劳动量　　C．工作班制　　D．机械台班数量

288．为了清晰地表达或描述流水施工方式在施工工艺、空间布置和时间安排上所处的状态，需引入一些参数，通过参数将其量化，使之明晰。此类参数包括时间参数、空间参数和（　　）参数。
A．施工参数　　B．劳动参数　　C．工艺参数　　D．流水参数

289．（　　）是指工程对象在组织流水施工中所划分的施工过程数目。
A．空间参数　　B．工艺参数　　C．时间参数　　D．网络参数

290．（　　）是指工程对象在组织流水施工中所划分的施工区段的数目。
A．时间参数　　B．空间参数　　C．工艺参数　　D．网络参数

291．在流水施工中反映施工过程及各过程相继投入的时间数量指标是（　　）。
A．时间参数　　B．网络参数　　C．空间参数　　D．工艺参数

292．某分部工程分 A、B、C、D 4 个施工过程，组织全等节拍流水施工，划分 4 个流水段，

各段流水节拍为 4 天，则该分部工程的流水步距和总工期分别为（　　）。

A．2 天和 22 天　　B．4 天和 24 天
C．4 天和 26 天　　D．4 天和 28 天

293．某分部工程分 A、B、C、D 4 个施工过程，组织全等节拍流水施工，划分 3 个流水段，各段流水节拍为 3 天，则该分部工程的流水步距和总工期分别为（　　）。

A．3 天和 12 天　　B．3 天和 14 天
C．3 天和 16 天　　D．3 天和 18 天

294．某分部工程分 A、B、C 3 个施工过程，组织全等节拍流水施工，划分 3 个流水段，各段流水节拍为 3 天，则该分部工程的流水步距和总工期分别为（　　）。

A．3 天和 12 天　　B．3 天和 15 天
C．3 天和 16 天　　D．3 天和 18 天

295．某分部工程分 A、B、C、D 4 个施工过程，组织全等节拍流水施工，若该分部工程的流水节拍为 5 天，总工期为 35 天，则每个施工过程应划分（　　）个流水段。

A．3　　B．4　　C．5　　D．6

296．某分部工程组织全等节拍流水施工，流水节拍值为 5 天，若总工期为 35 天，则施工过程数与施工段数应为（　　）。

A．4　　B．5　　C．6　　D．7

297．某分部工程组织全等节拍流水施工，若该分部工程的总工期为 22 天，流水节拍值为 2 天，技术间歇时间、组织间歇时间均为 4 天，则施工过程数与施工段数应为（　　）。

A．4　　B．5　　C．6　　D．7

298．某分部工程划分为 A、B、C、D 4 个施工过程，各施工过程的流水节拍分别为 3 天、4 天、5 天、3 天，则 B、C 两施工过程之间的流水步距和该分部工程的总工期分别为（　　）。

A．2 天和 28 天　　B．3 天和 30 天
C．4 天和 30 天　　D．5 天和 30 天

299．某分部工程划分为 A、B、C、D 4 个施工过程，各施工过程的流水节拍分别为 4 天、3 天、3 天、4 天，则施工过程 A、B 和施工过程 C、D 之间的流水步距分别为（　　）。

A．4 天和 7 天　　B．3 天和 4 天
C．4 天和 3 天　　D．7 天和 3 天

300．某基础分部工程划分为 A、B、C 3 个施工过程，各施工过程的流水节拍分别为 1 天、2 天、1 天，若要求各施工过程连续施工且工期不超过 8 天，则每个施工过程至多能够划分成（　　）个施工段。

A．4　　B．3　　C．2　　D．5

301．某流水施工划分为 A、B、C 3 个施工过程，各施工过程的流水节拍分别为 1 天、2 天、1 天，若要求各施工过程施工充分利用工作面且工期不超过 10 天，则每个施工

过程至多能够划分成（　）个施工段。

A．2　　B．3　　C．4　　D．5

302．在单位工程施工进度计划表中，通常脚手架施工过程是随着结构主体进行穿插作业，因此，脚手架作业对单位工程总工期（　）影响。

A．有　　B．无　　C．很少有　　D．绝对有

303．通常，组织建筑施工的方式不包括（　）。

A．依次施工　　B．平行施工　　C．交叉施工　　D．平行施工

304．组织流水施工的要点不包括（　）。

A．划分施工过程　　B．划分施工段

C．确定流水节拍　　D．组建专业施工队

305．流水段划分的一般部位是（　）。

A．设有变形缝的部位　　B．设有门窗洞口的部位

C．设有楼梯间的部位　　D．以上都不是

306．某分部工程施工，施工段数为 5，各施工过程流水节拍分别 6 天、2 天、4 天。若组织成倍节拍流水施工，施工进度计划表应为（　）。

施工过程	施工班组	施工进度计划/天									
		2	4	6	8	10	12	14	16	18	20
A	A_1		①			④					
	A_2			②			⑤				
	A_3				③						
B	B				①	②	③	④	⑤		
C	C_1					①		③		⑤	
	C_2						②		④		

图 1

施工过程	施工班组	施工进度计划/天									
		2	4	6	8	10	12	14	16	18	20
A	A_1	①	②	③	④	⑤					
	A_2		①	②	③	④	⑤				
	A_3			①	②	③	④	⑤			
B	B				①	②	③	④	⑤		
C	C_1					①	②	③	④	⑤	
	C_2						①	②	③	④	⑤

图 2

A．图 1　　B．图 2

307．某基坑大开挖，土方量为 3.2 万 m^3。采用 3 台反铲挖掘机作业，若每台挖掘机产量定额为 529m^3，工期要求为 10 天内完成，则该安排（　）班制。

A．1　　B．2　　C．3　　D．4

308．某住宅基础混凝土施工分模板、钢筋、混凝土 3 个施工过程，工作量分别为 925m^2、7.12t、130m^3，其产量定额分别为 3.95m^2/工日、0.189t/工日、1.2m^3/工日，则完成该基础施工所需总劳动量为（　）。

A．550 工日　　B．552 工日　　C．556 工日　　D．555 工日

309．某住宅基础混凝土施工分模板、钢筋、混凝土 3 个施工过程，工作量分别为 427m^2、10.2t、130m^3，其产量定额分别为 3.95m^2/工日、0.189t/工日、1.2m^3/工日。若每施工班组安排 18 人分 3 段组织流水施工（要求每段混凝土连续施工），则完成该基础混凝土施工需要（　）天工期。

A. 8　　　　B. 9　　　　C. 10　　　　D. 12

310. 最理想的流水施工组织方式是（　　）。

A. 顺序施工　　　　B. 全等节拍流水施工

C. 异节拍流水施工　　　　D. 无节奏流水施工

311. 流水施工的时间参数包括（　　）五种。

A. 施工段、施工过程、流水工期、流水节拍、流水步距

B. 施工过程、流水工期、流水节拍、流水步距、间歇时间

C. 流水工期、流水节拍、流水步距、间歇时间、搭接时间

D. 施工段、流水工期、流水节拍、流水步距、间歇时间

312. 流水工期的组成，可包括（　　）与最后一个施工过程作业时间两部分。

A. 流水步距之和　　　　B. 施工过程之和

C. 流水节拍之和　　　　D. 间歇时间之和

313. 有间歇全等节拍流水施工方式的工期计算公式（不分层施工）为（　　）。

A. $T=m+(n-1)t$　　　　B. $T=(m+n)t+Z_1$

C. $T=(m+n)t-1+Z_1$　　　　D. $T=(m+n-1)t+Z_1$

314. 关于下图所示两种施工组织方式，其中描述正确的是（　　）。

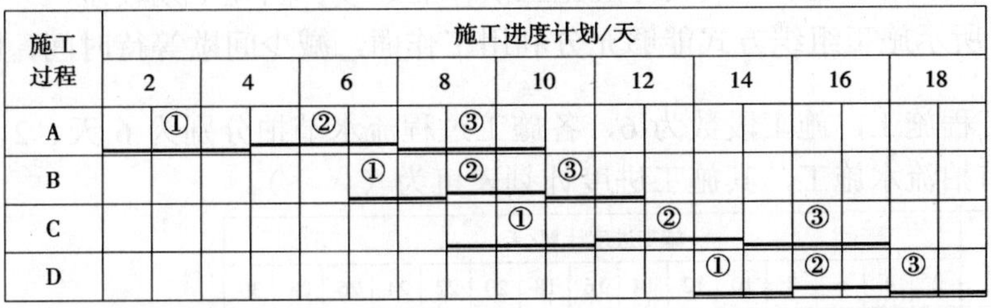

图 1

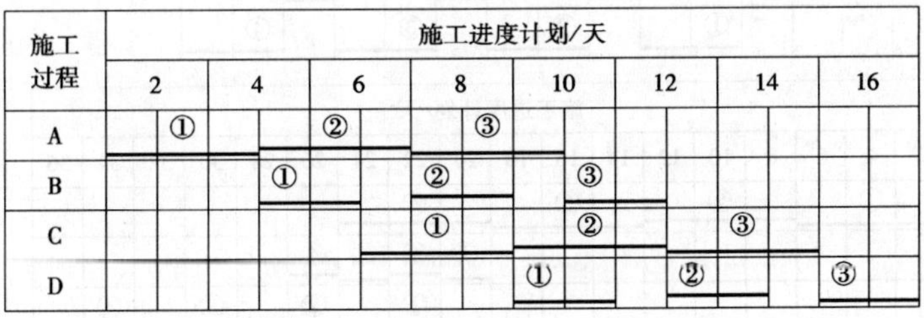

图 2

A. 图 1 所示施工组织方式为异节拍流水施工方式，即无节奏流水施工方式

B. 图 2 所示施工组织方式其专业施工队作业不连续，因此工期拖得很长

C. 图 1 所示施工组织方式其专业施工队作业连续，因此工期较短

D. 图 2 所示施工组织方式能够充分利用工作面，减少间歇等待时间，因此工期较短

315. 关于下图所示两种施工组织方式，其中描述有误的是（　　）。

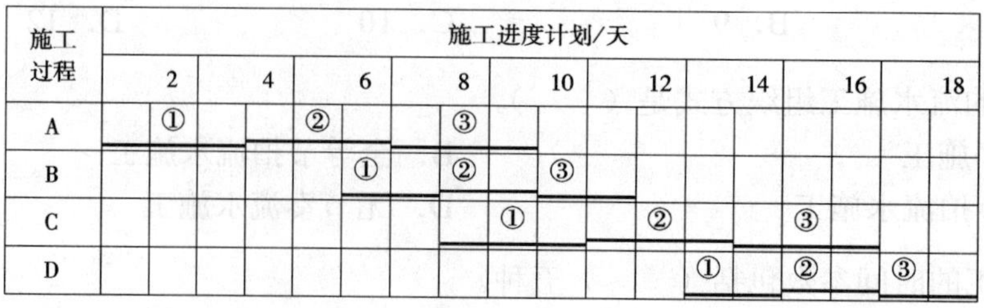

图 1

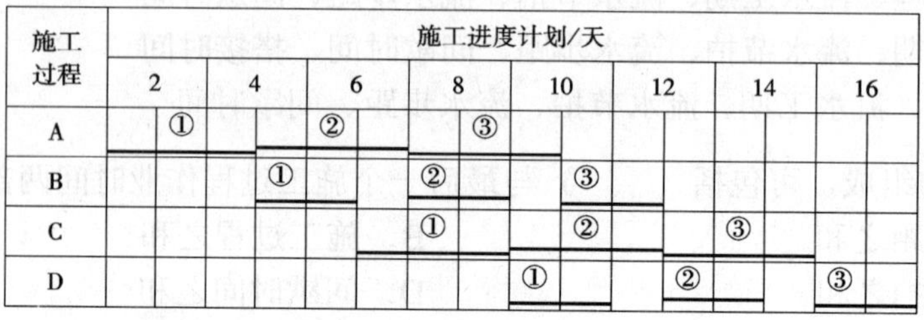

图 2

A．图 1 所示施工组织方式为异节拍流水施工方式

B．图 2 所示施工组织方式其专业施工队作业不连续，但工作面利用充分，因此工期合理

C．图 1 所示施工组织方式其专业施工队作业连续，因此工期较短

D．图 2 所示施工组织方式能够充分利用工作面，减少间歇等待时间，因此工期较短

316．某分部工程施工，施工段数为 6，各施工过程流水节拍分别为 6 天、2 天、4 天。若组织异节拍流水施工，其施工进度计划表可为（　　）。

A．

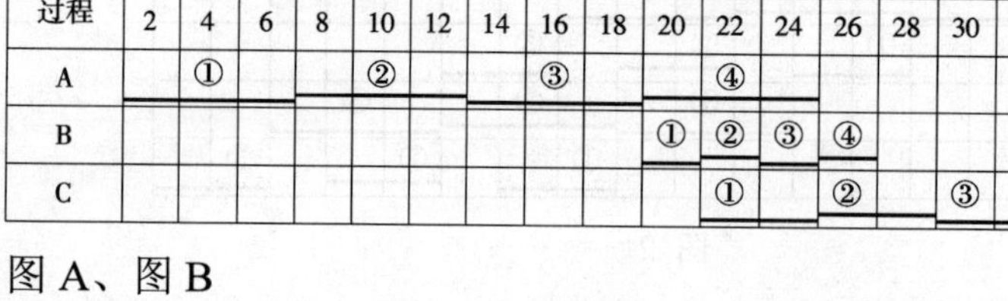

B．

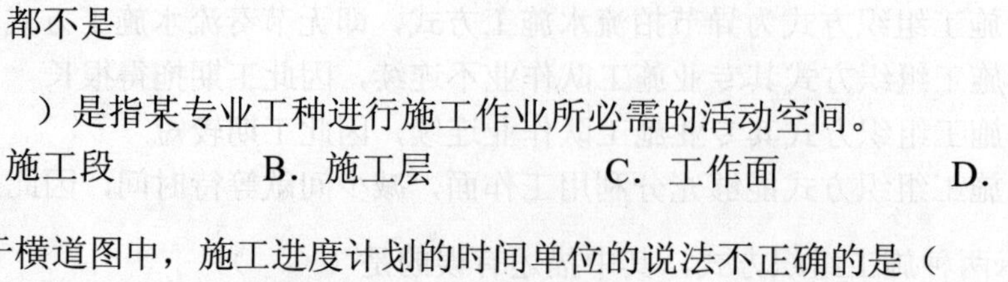

C．图 A、图 B

D．都不是

317．（　　）是指某专业工种进行施工作业所必需的活动空间。

A．施工段　　B．施工层　　C．工作面　　D．施工过程

318．关于横道图中，施工进度计划的时间单位的说法不正确的是（　　）。

A．一个时间单位表示 1 天
B．一个时间单位只能表示 1 天
C．一个时间单位可以表示 2 天、3 天等
D．一个时间单位表示多少时间可以灵活使用

319．下列属于全等节拍流水和成倍节拍流水共有的特点是（　　）。
A．所有施工过程在各个施工段上的流水节拍均相等
B．相邻施工过程的流水步距不完全相等
C．专业工作队数等于施工过程数
D．流水步距等于流水节拍

320．某基础工程包括挖基坑、垫层、混凝土基础和回填土 4 个施工过程，在 5 个施工段组织全等节拍流水施工，流水节拍为 3 天，要求混凝土基础浇筑 2 天后才能进行回填土，该工程的工期为（　　）。
A．24 天　　B．26 天　　C．28 天　　D．30 天

321．某工程包括 A、B、C 3 个施工过程，各施工过程的流水节拍分别为 2 天、4 天、6 天，若组织成倍节拍流水，则 C 施工过程有（　　）个施工队参与施工。
A．1　　B．2　　C．3　　D．4

322．施工过程 A 在各段上的流水节拍分别为 3 天、2 天和 4 天，施工过程 B 的节拍分别为 3 天，3 天和 2 天，施工过程 C 的节拍分别为 1 天，2 天和 4 天，则能保证各队连续作业时的最短流水工期为（　　）。
A．15 天　　B．17 天　　C．24 天　　D．25 天

323．某装饰工程为两层，采取自上而下的流向组织流水施工，每层划分 5 个施工段，施工过程为砌筑隔墙、室内抹灰、安装门窗和喷刷涂料（各施工过程的工程量及产量定额见下表）。若限定流水节拍不得少于 2 天，每班组不得超过 11 人，抹灰后需间歇 3 天方准许安装门窗。若组织全等节拍流水施工，则工期为（　　）天。

序号	施工过程	工程量	产量定额	序号	施工过程	工程量	产量定额
1	砌筑隔墙	$200m^3$	$1m^3$/工日	3	安装门窗	$1500m^2$	$6m^2$/工日
2	室内抹灰	$750m^3$	$15m^3$/工日	4	喷刷涂料	$6000m^2$	$20m^2$/工日

A．29　　B．42　　C．45　　D．55

324．某工程有甲、乙和丙 3 个施工过程。根据工艺要求，各施工过程的流水节拍分别为 4 天、2 天、6 天，若该工程为两层，层间间歇为 2 天，要求乙施工后需间隔 2 天后丙方可施工，则该工程组织成倍节拍流水施工的工期为（　　）天。
A．28　　B．34　　C．46　　D．48

325．某构件预制工程分两层叠浇，其施工过程及流水节拍分别为绑钢筋 6 天、支模板 6 天、浇混凝土 3 天、层间工艺间歇为 3 天，若组织成倍节拍流水施工，则工期应

为（　　）天。

A．33　　B．36　　C．51　　D．48

326．一般情况下，主导施工过程的流水节拍应是相关施工过程流水节拍中的（　　）。

A．最大值　　B．最小值　　C．平均值　　D．代数和

327．组织单位工程流水施工时，组织步骤应为：①组织各分部（项）工程流水施工；②各分部工程间相邻的分项工程最大限度地搭接；③设置流水施工的平衡区段；④确定流水施工的组数。以上几条中的（　　）。

A．①②　　B．①②③　　C．①②④　　D．①②③④

328．在流水施工中，不同施工段上同一工序的作业时间一定相等。此说法（　　）。

A．正确　　B．不正确

329．成倍节拍流水施工实际上是变相的全等节拍流水施工。此说法（　　）。

A．正确　　B．不正确

330．流水步距是相邻的施工队先后进入流水施工的时间间隙，含技术间歇。此说法（　　）。

A．正确　　B．不正确

331．成倍节拍流水即在节奏流水中，各个施工过程之间的流水节拍互成倍数关系。此说法（　　）。

A．正确　　B．不正确

332．流水节拍是施工班组完成其分项工程的持续工作时间。此说法（　　）。

A．正确　　B．不正确

333．流水参数一般分为工艺参数和时间参数。此说法（　　）。

A．正确　　B．不正确

334．在流水施工中，各施工队从进场到退场必须连续施工。此说法（　　）。

A．正确　　B．不正确

335．在工作班制的选择上，只要可能，尽量选择一班制。此说法（　　）。

A．正确　　B．不正确

336．流水节拍一般取整数。此说法（　　）。

A．正确　　B．不正确

337．有 n 个施工过程，就有 n 个流水步距。此说法（　　）。

A．正确　　B．不正确

338．某钢筋混凝土二层房屋的分项工程按 A、B、C 3 个施工过程进行分层施工，流水节拍分别为 $t_A=6$ 天、$t_B=6$ 天、$t_C=9$ 天，若组织成倍节拍流水施工（班制不增加），则每层的施工段数是（　　）。

A．2　　B．3　　C．5　　D．7

339．对确定流水步距没有影响的是（　　）。

A．技术间歇　　B．组织间歇　　C．流水节拍　　D．施工过程数

340．某分部工程有甲、乙、丙 3 个施工过程，分 4 段施工，甲施工过程的流水节拍是 3 周、5 周、2 周、4 周，乙施工过程的流水节拍是 4 周、3 周、3 周、3 周，丙施工过程的流水节拍是 5 周、2 周、4 周、2 周，为了实现连续施工，乙、丙两施工过程间的流水步距应是（　　）周。

A．3　　B．4　　C．5　　D．6

341．组织流水施工必须使同一施工过程的专业队组保持连续施工。此说法（　　）。

A．正确　　B．不正确

342．工艺参数是指流水步距、流水节拍、技术间歇、搭接时间等。此说法（　　）。

A．正确　　B．不正确

343．绘制某单位工程施工进度计划表时，首先应确定（　　）。

A．流水方式　　B．搭接方法

C．主导施工过程　　D．流水节拍

344．流水施工的普遍形式是（　　）。

A．全等节拍流水施工　　B．成倍节拍流水施工

C．异节拍流水施工　　D．无节奏流水施工

345．划分有节奏和无节奏流水施工所依据的参数为（　　）。

A．施工过程数　　B．施工段数　　C．流水步距　　D．流水节拍

346．前一个工作队未撤离，后一施工队即进入该施工段，两者在同一施工段上同时施工的时间是（　　）。

A．间歇时间　　B．搭接时间　　C．流水步距　　D．流水节拍

347．根据工艺、技术要求或组织安排而留出的等待时间为（　　）。

A．间歇时间　　B．搭接时间　　C．流水步距　　D．流水节拍

348．某分部工程有 A、B、C 3 个施工过程，若分为 3 个施工段施工，每段流水节拍值均为 2 天，则在绘制该分部工程的施工进度计划表时需经过以下过程：①求流水步距 K=2 天；②求流水工期 T=（$m+n-1$）t=（3+3−1）×2=10 天；③绘制施工进度计划。正确的步骤为（　　）。

A．①→②→③　　B．①→③→②

C．③→①→②　　D．③→②→①

349．流水步距属于（　　）。

A．工艺参数　　B．空间参数　　C．时间参数　　D．流水参数

350．流水施工中，流水节拍是指下述中的（　　）。

A．一个施工过程在各个施工段上的总持续时间

B．一个施工过程在一个施工段上的持续工作时间

C．一个相邻施工过程先后进入流水施工段的时间间隔

D．施工的工期

351．流水施工的横道图计划能够正确表达（　　）。

A．工作之间的逻辑关系　　　　B．关键工作

C．关键线路　　　　D．工作开始时间和完成时间

352．组织流水作业时，通过划分施工段（　　）。

A．由于施工工艺的要求

B．可增加更多的专业工作队

C．提供工艺或组织间歇时间

D．使各专业队在不同施工段进行流水施工

353．组织流水施工必须使同一施工过程的专业队组保持连续施工。此说法（　　）。

A．不正确　　　　B．正确

354．工艺参数是指流水步距、流水节拍、技术间歇、搭接时间等。此说法（　　）。

A．正确　　　　B．不正确

355．全部工程任务的各施工段同时开工、同时完成的施工组织方式是（　　）。

A．依次施工　　B．平行施工　　C．流水施工　　D．搭接施工

356．流水施工的最大优点是工期短，充分利用工作面。此说法（　　）。

A．正确　　　　B．不正确

357．非节奏流水施工是指同一或不同施工过程的流水节拍不完全相同的一种组织方式。此说法（　　）。

A．正确　　　　B．不正确

358．如下图所示 T_n 表示（　　）。

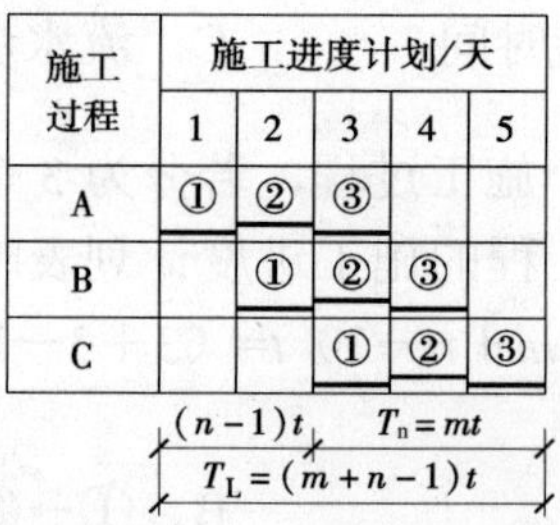

A．第 n 个施工过程的流水节拍值　　　　B．第 n 个施工过程的作业时间或工期

C．最后一个施工过程的作业时间　　　　D．工程工期

359．如下图所示施工过程 A、B 之间的流水步距为（　　）。

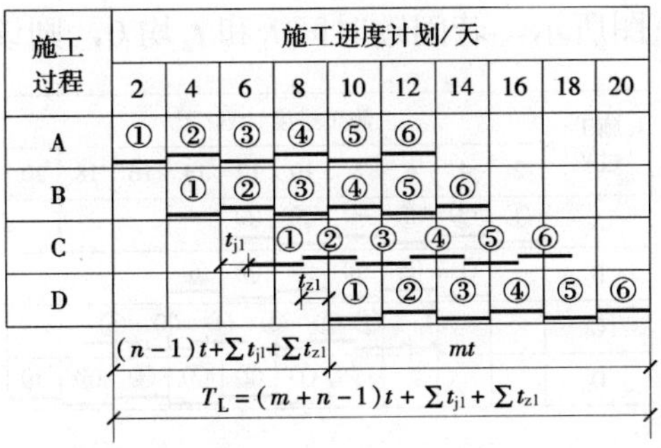

A．1 天　　B．2 天　　C．3 天　　D．5 天

360．如下图所示施工过程 B、C 之间的流水步距为（　　）。（t_j 为间歇时间等于 1）

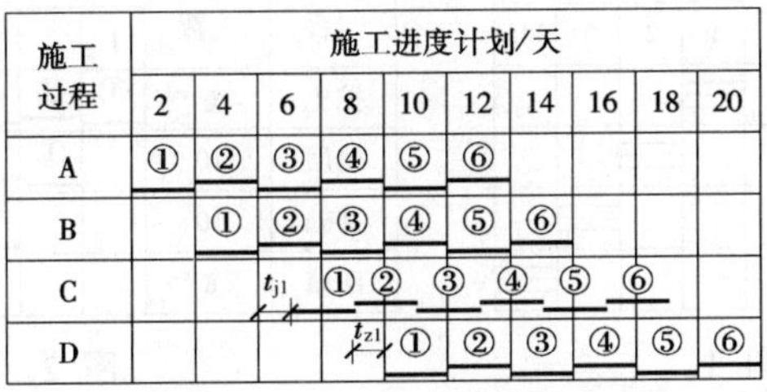

A．1 天　　B．2 天　　C．3 天　　D．5 天

361．如下图所示施工过程 C、D 之间的流水步距为（　　）。（t_z 为间歇时间等于 1）

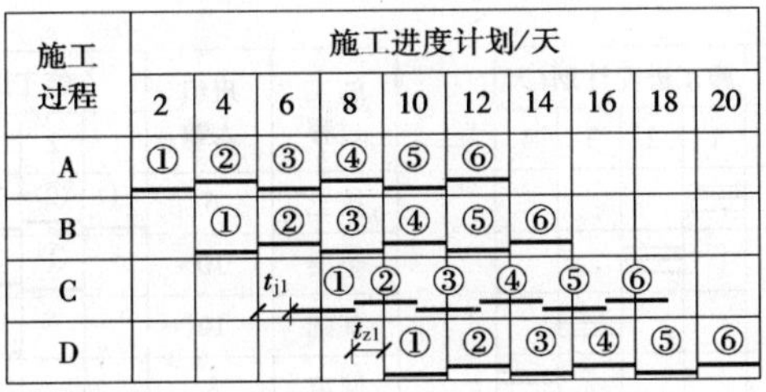

A．1 天　　B．2 天　　C．3 天　　D．5 天

362．施工进度计划表如下图所示，则该进度计划工期为（　　）。（t_j 和 t_z 均为间歇时间等于 1）

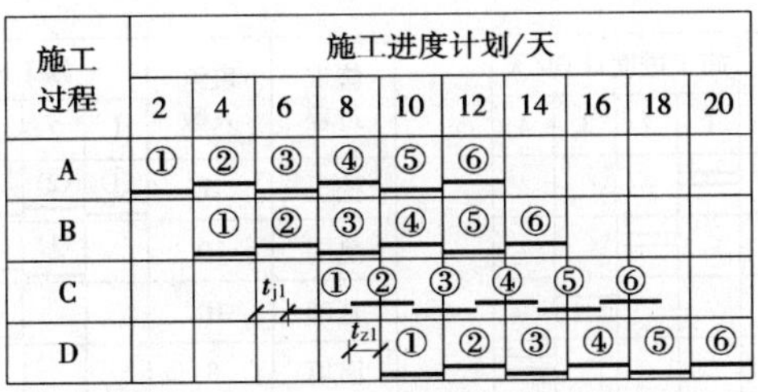

A．18 天　　B．20 天　　C．22 天　　D．24 天

363．施工进度计划表如下图所示，若间歇时间 t_j 和 t_z 均 0，则该进度计划工期为（　　）。

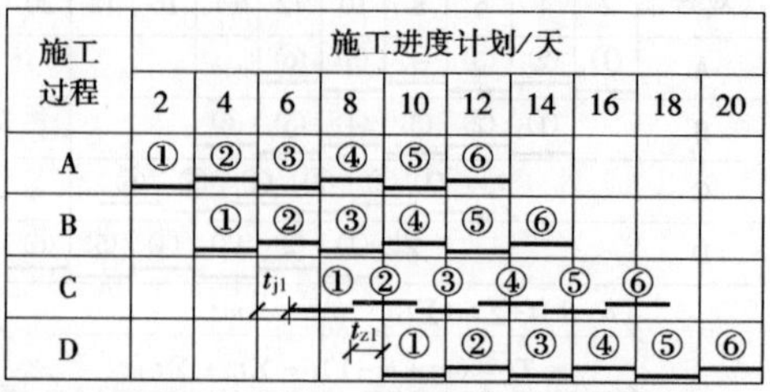

A．18 天　　B．20 天　　C．22 天　　D．24 天

364．比较以下两图，其正确的说法是（　　）。

施工过程	班组人数	施工进度计划/天			
		1	2	3	4
挖土	6×3	≡			
垫层	10×3		≡		
基础	10×3			≡	
回填	8×3				≡

图 1

施工过程	班组人数	施工进度计划/天					
		1	2	3	4	5	6
挖土	6	①	②	③			
垫层	10		①	②	③		
基础	10			①	②	③	
回填	8				①	②	③

图 2

A．图 1 为依次施工组织方式　　B．图 2 为依次施工组织方式
C．图 1 为流水施工组织方式　　D．图 2 为流水施工组织方式

365．比较以下两图，其正确的说法是（　　）。

施工过程	班组人数	施工进度计划/天			
		1	2	3	4
挖土	6×3	≡			
垫层	10×3		≡		
基础	10×3			≡	
回填	8×3				≡

图 1

施工过程	班组人数	施工进度计划/天					
		1	2	3	4	5	6
挖土	6	①	②	③			
垫层	10		①	②	③		
基础	10			①	②	③	
回填	8				①	②	③

图 2

A．图 1 施工进度计划工期为 4 天　　B．图 2 施工进度计划工期为 4 天

366．比较以下两图，其正确的说法是（　　）。

施工过程	班组人数	施工进度计划/天			
		1	2	3	4
挖土	6×3	≡			
垫层	10×3		≡		
基础	10×3			≡	
回填	8×3				≡

图 1

施工过程	班组人数	施工进度计划/天					
		1	2	3	4	5	6
挖土	6	①	②	③			
垫层	10		①	②	③		
基础	10			①	②	③	
回填	8				①	②	③

图 2

A. 图 1 为流水施工组织方式　　B. 图 2 为依次施工组织方式
C. 图 1 为平行施工组织方式　　D. 图 2 为平行施工组织方式

367. 比较以下两图，其正确的说法是（　　）。

施工过程	班组人数	施工进度计划/天			
		1	2	3	4
挖土	6×3	≡			
垫层	10×3		≡		
基础	10×3			≡	
回填	8×3				≡

图 1

施工过程	班组人数	施工进度计划/天					
		1	2	3	4	5	6
挖土	6	①	②	③			
垫层	10		①	②	③		
基础	10			①	②	③	
回填	8				①	②	③

图 2

A. 图 1 与图 2 劳动量消耗相等　　B. 图 1 劳动量消耗比图 2 多
C. 图 1 劳动量消耗比图 2 少　　D. 都不正确

368. 比较以下两图，其错误的说法是（　　）。

施工过程	班组人数	施工进度计划/天			
		1	2	3	4
挖土	6×3	≡			
垫层	10×3		≡		
基础	10×3			≡	
回填	8×3				≡

图 1

施工过程	班组人数	施工进度计划/天					
		1	2	3	4	5	6
挖土	6	①	②	③			
垫层	10		①	②	③		
基础	10			①	②	③	
回填	8				①	②	③

图 2

A. 图 1 所示挖土班组总人数为 18
B. 图 1 所示垫层施工人数为 30 人/班组
C. 图 1 所示垫层施工劳动量为 30 工日
D. 图 1 所示施工计划总劳动量为 102 工日

369. 如下图所示，错误的选项是（　　）。

施工过程	班组人数	施工进度计划/天					
		1	2	3	4	5	6
挖土	6	①	②	③			
垫层	10		①	②	③		
基础	10			①	②	③	
回填	8				①	②	③

A. 该施工进度计划工期为 6 天
B. 该施工组织方式为流水施工且为全等节拍流水施工
C. 该施工进度计划劳动力消耗量峰值出现在第 3、第 4 天
D. 该施工计划总劳动量消耗为 102 工日

370．如下图所示，错误的选项是（　　）。

施工过程	班组人数	施工进度计划/天					
		1	2	3	4	5	6
挖土	6	①	②	③			
垫层	10		①	②	③		
基础	10			①	②	③	
回填	8				①	②	③

A．该施工组织方式为流水施工

B．该施工组织方式为全等节拍流水施工

C．该施工进度计划劳动力消耗量均值为 17

D．该施工进度计划劳动力消耗量峰值为 26

371．如下图所示，不正确的选项是（　　）。

施工过程	班组人数	施工进度计划/天					
		1	2	3	4	5	6
挖土	6	①	②	③			
垫层	10		①	②	③		
基础	10			①	②	③	
回填	8				①	②	③

A．该施工组织方式为各班组施工作业连续

B．该施工组织方式为全等节拍流水施工

C．该施工组织方式工作面利用最高

D．该施工进度计划劳动力消耗量均值为 17

372．某建筑工程包括施工过程为 A、B、C，流水节拍值分别为 8 天、2 天、6 天，施工段数为 2。若组织成倍节拍流水施工作业，则施工过程 A 施工班组及班制应分别为（　　）。

A．8、1　　B．4、1　　C．1、4　　D．4、4

373．某施工进度计划（斜线图）如下，由此可判断该施工组织方式为（　　）。

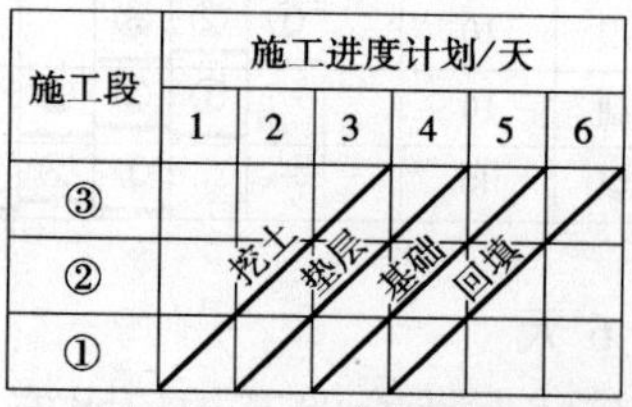

A．全等节拍流水施工　　B．成倍节拍流水施工

C．异节拍流水施工　　D．无节奏流水施工

374．某施工进度计划（斜线图）如下，由此可判断垫层施工过程的流水节拍为（　　）。

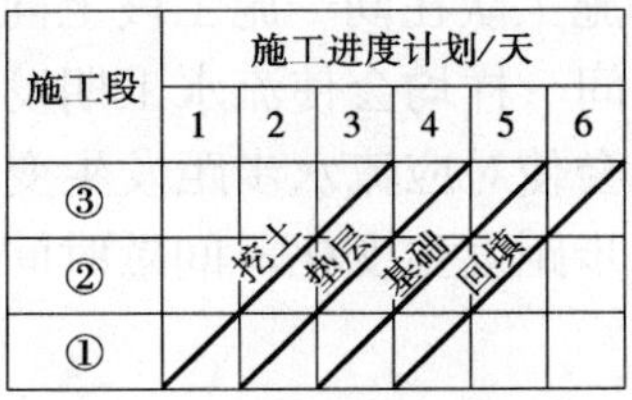

A．3 天　　　B．4 天　　　C．2 天　　　D．1 天

375．某施工进度计划（斜线图）如下，由此可判断施工过程垫层与基础之间的流水步距为（　　）。

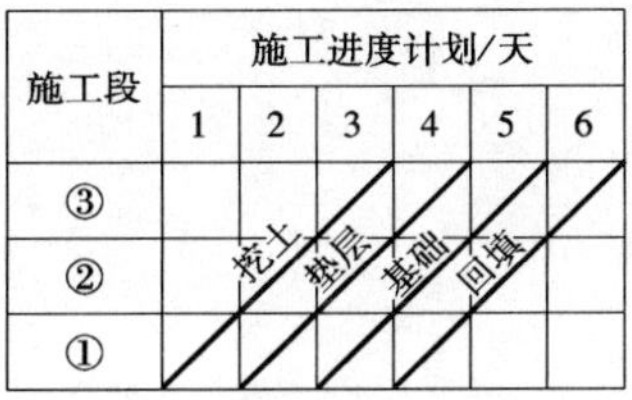

A．1 天　　　B．2 天　　　C．3 天　　　D．4 天

376．某施工进度计划（斜线图）如下，由此可判断施工工期为（　　）。

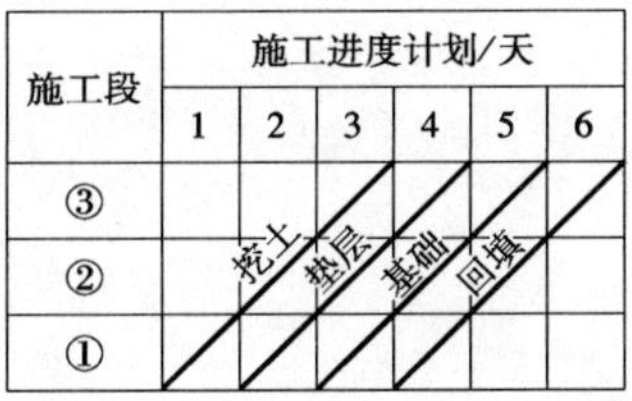

A．5 天　　　B．6 天　　　C．3 天　　　D．4 天

377．某施工进度计划（斜线图）如下，则施工过程挖土与垫层间的流水步距为（　　）。

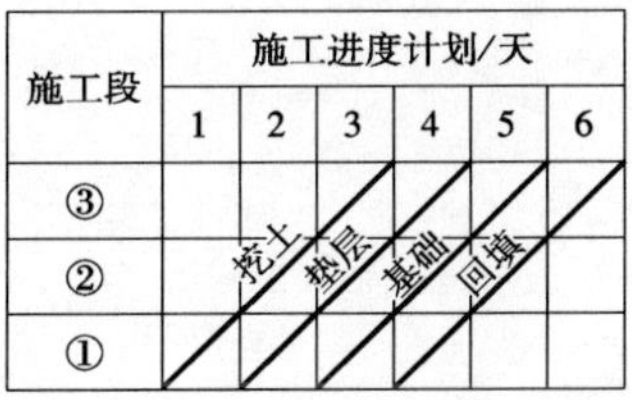

A．6 天　　　B．3 天　　　C．1 天　　　D．2 天

378．下列关于搭接时间的说法正确的是（　　）。

A．搭接时间是指前一个工作队未撤离，后一施工队即进入该施工段，两者在同一施工段上同时施工的时间

B．搭接时间和组织间歇时间一样都是必需的

C．搭接时间实质上就是间歇时间

D．搭接时间不同于间歇时间，但两者在数量上是相等的

379．下列关于搭接时间的说法不正确的是（　　）。

A．搭接时间是指前、后两施工队在同一施工段上同时施工的时间

B．搭接时间和组织间歇时间一样均会使流水工期发生变化

C．搭接时间与间歇时间均会使对应流水步距发生变化

D．搭接时间会使对应流水步距发生变化，间歇时间不会使对应流水步距发生变化

学习任务四　网络计划技术学习

1．网络图的三要素是指（　　）。

A．节点、箭线、工作作业时间　　B．紧前工作、紧后工作、关键线路

C．节点、箭线、线路　　D．工期、关键线路、非关键线路

2．网络图是指由（　　）组成，用来表达工作流程的有向、有序的网状图形，包括单代号网络图和双代号网络图。

A．节点和线路　　B．节点和箭线　　C．工作和节点　　D．工作和线路

3．网络图是指由（　　）和节点组成，用来表达工作流程的有向、有序的网状图形，包括单代号网络图和双代号网络图。

A．横线　　B．竖线　　C．箭线　　D．双向箭线

4．网络图是指由（　　）和箭线组成，用来表达工作流程的有向、有序的网状图形，包括单代号网络图和双代号网络图。

A．圆形　　B．矩形　　C．平行四边形　　D．节点

5．网络图是指由节点和箭线组成，用来表达工作流程的有向、有序的网状图形，包括（　　）和双代号网络图。

A．单代号网络图　　B．单代号搭接网络图

C．双代号时标网络图　　D．双代号搭接网络图

6．网络计划技术的基本内容包括（　　）。

A．总则、术语、网络图绘制、网络计划实施程序

B．单代号网络图、双代号网络图、时间参数、网络计划优化

C．单代号网络图、双代号网络图、双代号时标网络图、单代号搭接网络图

D．网络图、时间参数、网络计划优化、网络计划控制

7．网络计划技术的基本内容应包括：①网络图；②时间参数；③网络优化；④实施控制。以上几条中的（　　）。

A．①②③　　B．①③④　　C．①③　　D．①②③④

8．双代号网络图是指以（　　）表示工作的网络图。

A．两个数字　　B．两个节点　　C．两个字母　　D．两个代号

9．单代号网络图是指以（　　）表示工作的网络图。

A．一个节点　　B．一个节点及其编号（即一个代号）

C．一个字母　　D．一个数字

10．双代号网络图是目前的主要形式，但是对于（　　）这一部分，目前的规范尚不完善，

因此，需要对规范、教材等进行补充完善，方能使双代号网络图运用更加方便。

A．逻辑关系表达　　B．绘制规则

C．搭接关系表达　　D．时间参数计算

11．双代号网络图中的节点表示（　　）。

A．某工作开始或结束的瞬间　　B．工作的持续时间

C．一项工作　　D．以上都不对

12．双代号网络图中的节点根据其位置可分为（　　）。

A．第一节点、最终节点和其他节点

B．开始节点、结束节点和中间节点

C．起点节点、终点节点、开始节点和结束节点

D．起点节点、终点节点和中间节点

13．下列对于双代号网络图的节点的说法：①用圆圈或其他形状的封闭图形画出；②表示工作或任务的开始或结束，起联结作用；③不消耗时间与资源；④根据节点位置的不同，分为起点节点、终点节点和中间节点。正确的有（　　）个。

A．1　　B．2　　C．3　　D．4

14．中间节点包括箭尾节点和箭头节点。其中，（　　）节点表示本工作的开始、紧前工作的完成；（　　）节点表示本工作的完成、紧后工作的开始。正确的选项是（　　）。

A．箭头、箭尾　　B．箭尾、箭头　　C．箭头、箭头　　D．箭尾、箭尾

15．双代号网络图中的节点，如起点节点和终点节点具有特殊性，其特殊性不包括（　　）。

A．既是网络计划的开始（结束）节点也是对应工作的开始（结束）节点

B．节点最早（最迟）时间为零（工期）

C．为关键节点

D．与起点节点（终点节点）对应工作必为关键工作

16．双代号网络图中的箭线可以表示（　　）。

A．某工作开始或结束的瞬间　　B．工作的持续时间

C．一项工作　　D．以上都不对

17．下列有关虚箭线的说法中，错误的是（　　）。

A．虚箭线代表的工作无工作名称　　B．虚箭线代表的工作不消耗资源

C．虚箭线代表的工作持续时间为零　　D．虚箭线是可有可无的

18．双代号网络图中的虚工作（　　）。

A．既消耗时间又消耗资源　　B．只消耗时间，不消耗资源

C．既不消耗时间又不消耗资源　　D．不消耗时间，但消耗资源

19．下列关于虚工作的错误说法是（　　）。

A．虚工作只表示工序之间的逻辑关系　　B．混凝土养护可用虚工作表示

C．只有双代号网络图中才有虚工作　　D．虚工作一般用虚箭线表示

20．在双代号网络图中，箭线的特点是（　　）。

A．既不消耗时间，也不消耗资源　　B．只消耗时间，不消耗资源

C．不消耗时间，只消耗资源　　D．必然消耗时间，往往也要消耗资源

21．若有 n 个工作同时开始，同时结束，则此 n 个工作之间须用（　　）个虚箭线联结。

A．0　　B．$n-1$　　C．n　　D．$n+1$

22．下列关于箭线的说法：①箭线与其两端节点表示一项工作，有实箭线和虚箭线之分；②实箭线表示的工作有时间的消耗或同时有资源的消耗，被称为实工作；③虚箭线表示的是虚工作，它没有时间和资源的消耗，仅用以表达逻辑关系；④箭线的长短表示时间的大小。正确的是（　　）。

A．①②③④　　B．①③④　　C．①②③　　D．①③

23．网络计划技术的应用原理应包括：①理清某项工程中各施工过程的开展顺序和相互制约、相互依赖的关系，正确绘制出网络图；②通过对网络图中各时间参数进行计算，找出关键工作和关键线路；③利用最优化原理，改进初始方案，寻求最优网络计划方案；④在计划执行过程中，通过信息反馈进行监督与控制，以保证达到预定的计划目标，确保以最少的消耗，获得最佳的经济效果。正确的是（　　）。

A．①②③④　　B．①③④　　C．①②③　　D．①③

24．关于网络计划技术的应用程序在下列（　　）标准中作出了规定。

A．GB/T 13400.1—92　　B．GB/T 13400.2—2009

C．GB/T 13400.3—2009　　D．JGJ/T 121—99

25．《网络计划技术》（GB/T 13400）分为三个部分，其中第 1 部分的内容是（　　）。

A．说明　　B．常用术语

C．网络图画法的一般规定　　D．在项目管理中应用的一般程序

26．《网络计划技术》（GB/T 13400）分为三个部分，其中第 2 部分的内容是（　　）。

A．说明　　B．常用术语

C．网络图画法的一般规定　　D．在项目管理中应用的一般程序

27．《网络计划技术》（GB/T 13400）分为三个部分，其中第 3 部分的内容是（　　）。

A．说明　　B．常用术语

C．网络图画法的一般规定　　D．在项目管理中应用的一般程序

28．除了网络计划技术应用标准之外，关于横道计划的标准为（　　）。

A．GB/T 52020—2001　　B．GB/T 52020—2011

C．GB/T 52020—2009　　D．都不是

29．网络图中，工作之间的逻辑关系分为工艺逻辑关系和组织逻辑关系两种，具体表现为：紧前、紧后关系，先行、后续关系以及平行关系。如下图所示，则钢筋 1 的紧后工作是（　　）。

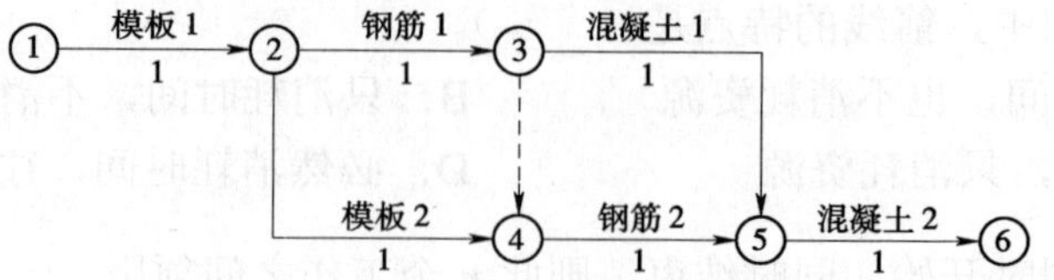

A．混凝土 1　　B．钢筋 2　　C．混凝土 2　　D．混凝土 1 和钢筋 2

30．网络图中，工作之间的逻辑关系分为工艺逻辑关系和组织逻辑关系两种，具体表现为：紧前、紧后关系，先行、后续关系以及平行关系。如下图所示，则钢筋 2 的紧前工作是（　　）。

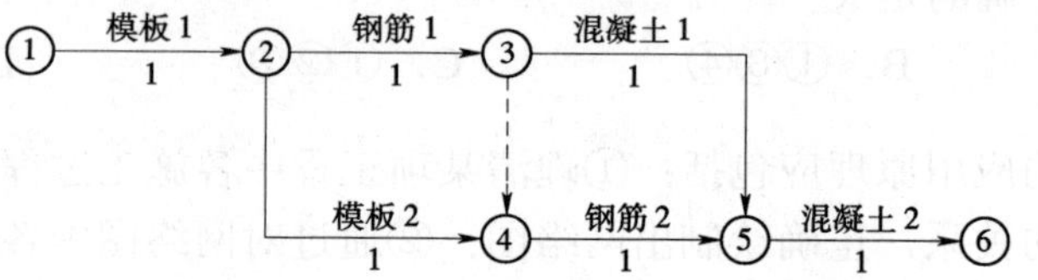

A．模板 2　　B．钢筋 1　　C．模板 2 和钢筋 1　D．混凝土 2

31．施工网络计划中，把某一专业队作业的各施工层段排列在同一水平线上，是为了突出反映施工的（　　）。

A．工艺关系　　B．组织关系　　C．栋号关系　　D．层间关系

32．施工网络计划中，把在同一个施工层段上的不同施工过程排列在同一水平线上，是为了突出反映施工过程之间的（　　）。

A．工艺关系　　B．组织关系　　C．栋号关系　　D．层间关系

33．下列关于线路和关键线路的说法：①网络图中，由起点节点出发沿箭头方向顺序通过一系列箭线与节点，到达终点节点的通路称为线路；②网络图中，线路上总的工作持续时间最长的线路称为关键线路；③关键线路上的工作称为关键工作，用粗箭线、红色箭线或双箭线画出；④关键线路上的各工作持续时间之和，应小于整个网络计划的工期。正确的是（　　）。

A．①②　　B．①②③　　C．①②④　　D．①②③④

34．下列关于线路和关键线路的说法不正确的是（　　）。

A．关键线路可以转化为非关键线路

B．非关键线路可以转化为关键线路

C．关键线路和为非关键线路是相对而言的

D．工期优化时关键线路不可以转化为非关键线路

35．下列关于线路和关键线路的说法不正确的是（　　）。

A．工期优化时应压缩关键线路工作的持续时间

B．工期优化时应向非关键线路的工作要资源

C．网络计划工期优化时主要应抓住关键线路，非关键线路不要考虑

D. 向关键线路要时间和向非关键线路要资源是网络计划工期优化以及项目进度管理的主要内容

36. 关于虚箭线的判定：若A、B两工作的紧后工作中既有相同的又有不同的，那么A、B工作之间须用虚箭线连接，且虚箭线的个数为：①当只有一方有区别于对方的紧后工作时，用（　　）个虚箭线；②当双方均有区别于对方的紧后工作时，用（　　）个虚箭线。正确的选项是（　　）。

A. 1　2　　B. 2　2　　C. 2　3　　D. 1　1

37. 关于虚箭线的判定：若有 n 个工作同时开始、同时结束（即为并行工作），那么这 n 个工作之间须用（　　）个虚箭线连接。

A. n　　B. $n-1$　　C. $n+1$　　D. $2n$

38. 工作关系明细见下表，试判断工作A、B间以及工作C、D间各有（　　）个虚箭线。

本工作	A	B	C	D	E	F	G
紧前工作	—	—	A	A、B	C	C、D	D
紧后工作	C、D	D	E、F	F、G	—	—	—

A. 1，1　　B. 2，2　　C. 1，2　　D. 2，1

39. 工作间逻辑关系见下表，则下列判断不正确的是（　　）。

本工作	A	B	C	D	E	F	G	H
紧后工作	C、D	D	F	E、F、G	H	—	—	—

A. 工作A、B无紧前工作　　B. 工作F、G、H无紧后工作

C. 工作C、D间有2个虚箭线　　D. 工作A、B间有1个虚箭线

40. 工作间逻辑关系见下表，则下列判断正确的是（　　）。

本工作	A	B	C	D	E	F	G
紧前工作	—	—	A	A、B	C	C、D	D

A. 工作A的紧后工作为D　　B. 工作B的紧后工作为D

C. 工作C、D间有1个虚箭线　　D. 工作A、B间没有虚箭线

41. 工作间逻辑关系见下表，则下列判断正确的是（　　）。

本工作	A	B	C	D	E	F	G	H
紧后工作	C、E	G、H	D、F	H	H	G	—	—

A. 该双代号网络图中有4个虚箭线

B. 该双代号网络图中有3个虚箭线

C. 该双代号网络图中箭线有交叉

D. 该双代号网络图中逻辑关系有问题，无法绘制成图

42. 工作间逻辑关系见下表，则下列判断正确的是（　　）。

本工作	A	B	C	D
紧前工作	—	—	A	A、B

A. 工作 D 为工作 A 的紧后工作　　B. 工作 B 的紧后工作为工作 C

C. 工作 A、B 间没有虚箭线　　D. 工作 C、D 没有紧后工作

43. 工作间逻辑关系见下表，则下列判断不正确的是（　　）。

本工作	A	B	C	D	E	F	G	H
紧后工作	C、D	E、F	E、F	G、H	G、H	H	—	—

A. 工作 D、E、F 之间有两个虚箭线　　B. 工作 B、C 之间没有虚箭线

C. 工作 A、B 间没有虚箭线　　D. 工作 D、E 共用一个结束节点

44. 网络图如下，下述说法正确的为（　　）。

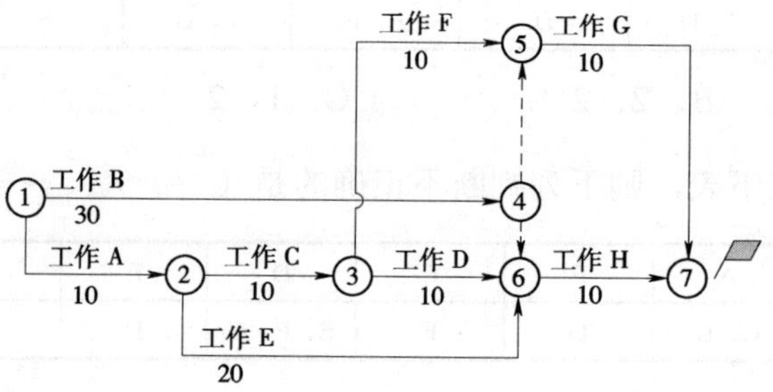

A. 工作 B、F 箭线有交叉，若处理得当可以避免

B. 网络计划终点节点不唯一

C. 工作 E 箭线向上有误

D. 网络计划的工期为 40 天

45. 当两个工作（　　），两工作间需用虚箭线。

A. 只有相同的紧后工作时

B. 只有不相同的紧后工作时

C. 既有相同，又有不相同的紧后工作时

D. 出现不受约束的任何情况时

46. 网络计划的缺点是（　　）。

A. 不能反映工作间的逻辑关系　　B. 不能反映出关键工作

C. 绘制技术复杂　　D. 不能实现电算化

47. 网络图计划的特点不包括（　　）。

A. 编制简单、方便、直观、便于进行计划与实际完成情况的比较

B．能把施工过程相关工作组成有机整体
C．能明确表达顺序和制约、依赖关系
D．能找出关键线路

48．下列有关关键线路的说法，正确的是（　　）。
A．在一个网络图中关键线路只有一条
B．关键线路是没有虚工作的线路
C．关键线路是耗时最长的线路
D．关键线路是需要资源最多的线路

49．在工程网络计划中，关键线路是指（　　）的线路。
A．双代号网络计划中没有虚箭线
B．时标网络计划中没有波形线
C．双代号网络计划中由关键节点组成
D．单代号网络计划中由关键工作组成

50．在工程网络图中，关键线路是（　　）。
A．单代号网络图中由关键工作组成且相邻工作时间间隔为零的线路
B．双代号网络图中无虚箭线的线路
C．双代号网络计划中由关键节点组成的线路
D．包含关键工作的线路

51．关于工程网络计划中的关键线路，说法有误的是（　　）。
A．时标网络计划中无波形线的线路
B．双代号网络计划中全部由关键工作组成的线路
C．双代号网络计划中全部由关键节点组成的线路
D．相邻两项工作之间的时间间隔全部为零的线路

52．某工程双代号网络计划如下图所示，其关键线路有（　　）条。

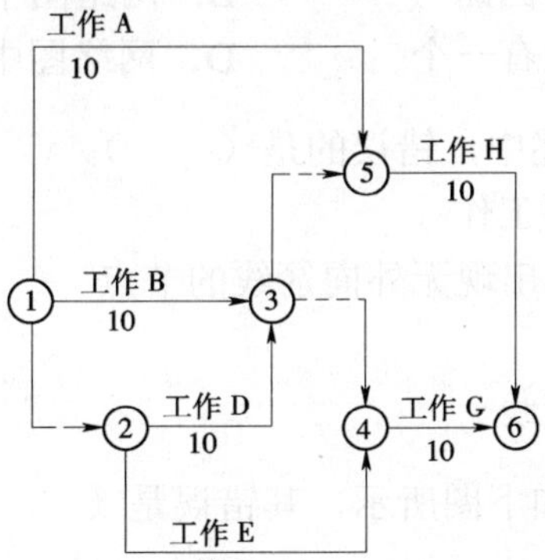

A．4　　B．6　　C．8　　D．7

53．某分部工程双代号网络图如下图所示，其错误是（　　）。

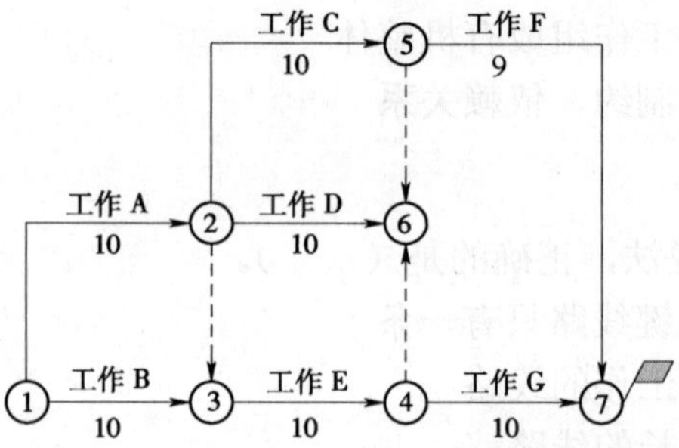

A．节点编号不对　　B．逻辑关系不对

C．有多个起点节点　　D．有多个终点节点

54．某分部工程双代号网络图如下图所示，其错误是（　　）。

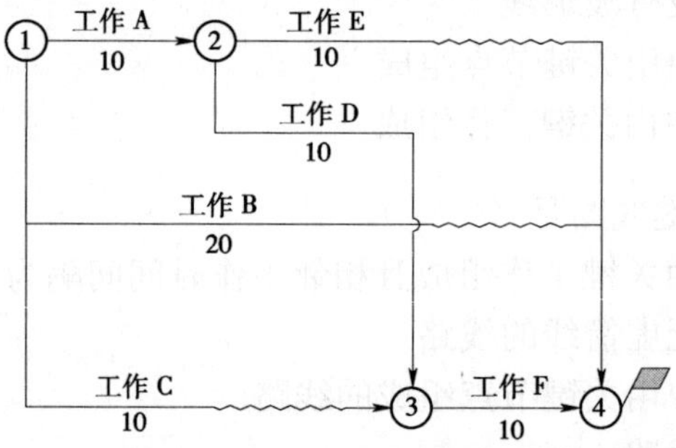

A．节点编号与逻辑关系不对　　B．没有处理好箭线交叉

C．起点节点、终点节点不唯一　　D．都不是

55．在双代号网络图中工作 i—j 中 i 和 j 的大小关系是（　　）。

A．i=j　　B．i>j

C．i<j　　D．i 和 j 大小关系不能确定

56．有关网络图画法的规定，下列叙述错误的是（　　）。

A．网络图中严禁出现循环回路　　B．网络图中严禁出现双向箭头

C．网络图中起点节点只能有一个　　D．网络图中节点编号必须连续

57．下列有关网络图画法的描述中，错误的是（　　）。

A．同一编号只能代表一项工作

B．除终点节点外，不应再出现无外向箭线的节点

C．应只有一个起点节点

D．中间节点只能有外向箭线

58．某分部工程双代号网络图如下图所示，其错误是（　　）。

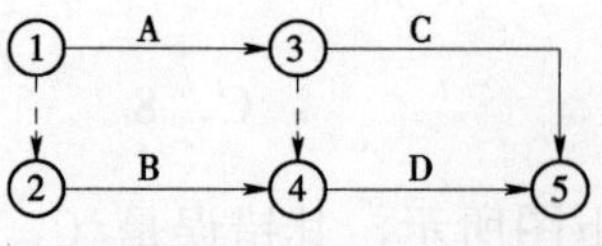

A．节点编号不对　　　　　　　　　　B．有多余虚箭线
C．起点节点不唯一　　　　　　　　　D．有循环回路

59．某基础分部工程施工分为挖土、垫层、混凝土基础和回填土 4 个施工过程，流水节拍均为 1 天，则该分部工程施工双代号网络图应为（　　）。

A.

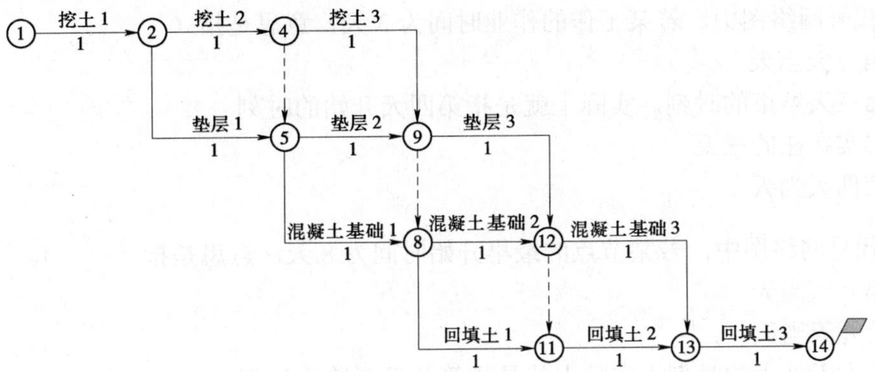

B.

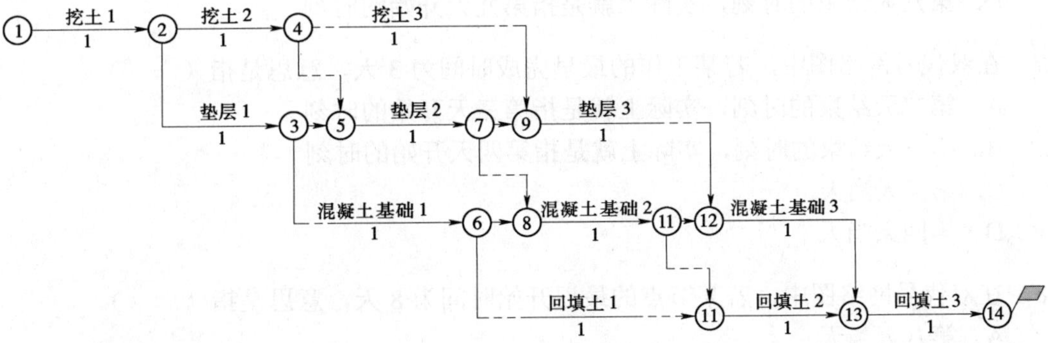

C．A、B 均正确
D．A、B 均不正确

60．在绘制网络图时，交叉箭线的表示方法有（　　）。
A．过桥法　　　B．流水法　　　C．母线法　　　D．分段法

61．母线法绘制网络图时，在节点对应内向或外向工作数量不小于（　　）才宜采用。
A．3　　　B．4　　　C．5　　　D．6

62．在绘制网络图时，交叉箭线的表示方法除了过桥法外，还有（　　），但其应用较少。
A．流水法　　　B．母线法　　　C．指向法　　　D．分段法

63．在双代号网络图中，若某工作的自由时差为 3 天，意思是指（　　）。
A．实实在在的三天
B．第三天结束的时刻，实际上就是指第四天开始的时刻
C．第三天当天
D．第四天当天

64．在双代号网络图中，若某工作的总时差为 3 天，意思是指（　　）。
A．第三天当天
B．第三天结束的时刻，实际上就是指第四天开始的时刻
C．实实在在的三天
D．第四天当天

65．在双代号网络图中，若某工作的作业时间为 3 天，意思是指（　　）。
A．第三天当天
B．第三天结束的时刻，实际上就是指第四天开始的时刻
C．实实在在的三天
D．第四天当天

66．在双代号网络图中，若某节点的最早开始时间为 8 天，意思是指（　　）。
A．第八天当天
B．第九天当天
C．第七天结束的时刻，实际上就是指第八天开始的时刻
D．第八天结束的时刻，实际上就是指第九天开始的时刻

67．在双代号网络图中，若某工作的最早完成时间为 3 天，意思是指（　　）。
A．第二天结束的时刻，实际上就是指第三天开始的时刻
B．第三天结束的时刻，实际上就是指第四天开始的时刻
C．第三天当天
D．第四天当天

68．在双代号网络图中，若某节点的最迟开始时间为 8 天，意思是指（　　）。
A．第八天当天
B．第九天当天
C．第七天结束的时刻，即第八天开始的时刻
D．第八天结束的时刻，即第九天开始的时刻

69．在双代号网络图中，若某工作的最迟完成时间为 3 天，意思是指（　　）。
A．第二天结束的时刻，即第三天开始的时刻
B．第三天结束的时刻，即第四天开始的时刻
C．第三天当天
D．第四天当天

70．在工程网络计划中，如果某项工作的最早开始时间和最早完成时间分别为 3 天和 8 天，则说明该工作实际上最早应从开工后（　　）。
A．第 3 天上班时刻开始，第 8 天下班时刻完成
B．第 3 天上班时刻开始，第 9 天下班时刻完成
C．第 4 天上班时刻开始，第 8 天下班时刻完成
D．第 4 天上班时刻开始，第 9 天下班时刻完成

71．在工程网络计划中，工作的最早开始时间应为其所有紧前工作（　　）。

A．最早完成时间的最大值　　B．最早完成时间的最小值

C．最迟完成时间的最大值　　D．最迟完成时间的最小值

72．工作 M 有 A 和 B 两项紧前工作，其持续时间是 A3 天、B4 天。其最早开始时间是 A5 天、B6 天，则 M 工作的最早开始时间是（　　）。

A．5 天　　B．6 天　　C．8 天　　D．10 天

73．工作的最早开始时间是指各紧前工作全部完成后，本工作有可能开始的最早时刻，用（　　）表示。

A．$ZS_{i\text{-}j}$　　B．$ES_{i\text{-}j}$　　C．$KS_{i\text{-}j}$　　D．$LS_{i\text{-}j}$

74．工作 E 有 4 项紧前工作 A、B、C、D，其持续时间分别为：A=5 天、B=3 天、C=8 天、D=7 天，ES_A=6 天、ES_B=10 天、ES_C=6 天、ES_D=8 天，则 ES_E 为（　　）天。

A．11　　B．13　　C．14　　D．15

75．网络图如下图所示，则 $ES_{5\text{-}6}$ 为（　　）。

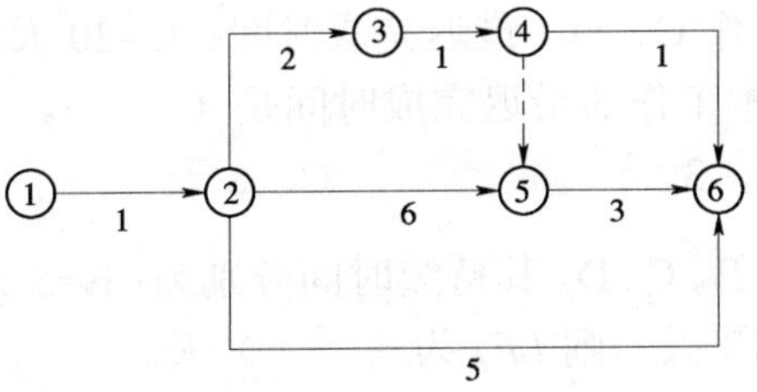

A．4　　B．5　　C．6　　D．7

76．如果 A、B 两项工作的最早开始时间分别为 6 天和 7 天，它们的持续时间分别为 4 天和 5 天，则它们共同紧后工作 C 的最早开始时间为（　　）。

A．10 天　　B．11 天　　C．12 天　　D．13 天

77．如果某工作的最早开始时间与最迟开始时间相差 1 天，则说明（　　）。

A．该工作有 1 天的空闲　　B．该工作的开工时间误差为 1 天

C．该工作的自由时差为 1 天　　D．该工作的总时差为 1 天

78．如果某工作的最早完成时间与最迟完成时间相差 3 天，则说明（　　）。

A．该工作有 3 天的空闲　　B．该工作的完工时间误差为 3 天

C．该工作的自由时差为 3 天　　D．该工作的总时差为 3 天

79．如果某工作的自由时差与总时差相等，则说明（　　）。

A．该工作没有空闲时间　　B．该工作的完工时间不得延误

C．该工作的紧后工作没有空闲时间　　D．该工作的总时差为 0

80．工作的最早完成时间是指各紧前工作全部完成后，本工作有可能完成的最早时刻，用（　　）表示。

A. $ZW_{i\text{-}j}$　B. $EW_{i\text{-}j}$　C. $EF_{i\text{-}j}$　D. $LF_{i\text{-}j}$

81. 在工程双代号网络计划中，某工作的最早完成时间是指其（　）。
A. 完成节点的最迟时间与工作自由时差之差
B. 开始节点的最早时间与工作自由时差之和
C. 完成节点的最迟时间与工作总时差之差
D. 开始节点的最早时间与工人总时差之和

82. 网络图中某项工作的最迟完成时间是指（　）。
A. 不影响其紧后工作最迟开始的时间
B. 不影响其紧前工作最早开始的时间
C. 由材料供应速度来确定的最迟时间
D. 有施工人员数量来确定的最迟时间

83. 某工作有3项紧后工作，其持续时间分别为4天、5天和6天；其最迟完成时间分别为18天、16天和14天。本工作的最迟完成时间是（　）。
A. 14天　B. 11天　C. 8天　D. 6天

84. 某项工作有两项紧后工作C、D，最迟完成时间：C=20天、D=15天，工作持续时间：C=7天、D=12天，则本工作的最迟完成时间是（　）。
A. 13天　B. 3天　C. 8天　D. 15天

85. 工作A有3项紧后工作B、C、D，其持续时间分别为：B=5天、C=6天、D=7天，LF_B=13天、LF_C=15天、LF_D=13天，则LF_A为（　）天。
A. 5　B. 6　C. 7　D. 8

86. 工作A有4项紧后工作B、C、D、E，其持续时间分别为：B=3天、C=4天、D=8天、E=7天，LF_B=11天、LF_C=12天、LF_D=13天、LF_E=15天，则LF_A为（　）天。
A. 5　B. 6　C. 7　D. 8

87. 工作的最迟完成时间是指在不影响整个任务按期完成的前提下，工作必须完成的最迟时刻，用（　）表示。
A. $CW_{i\text{-}j}$　B. $LF_{i\text{-}j}$　C. $ZC_{i\text{-}j}$　D. $ZW_{i\text{-}j}$

88. 某项工作有两项紧后工作C、D，最迟完成时间：C=30天、D=20天，工作持续时间：C=13天、D=6天。若本工作的持续时间为5天，则其最迟开始时间是（　）。
A. 5天　B. 6天　C. 9天　D. 14天

89. 某网络计划中，A工作有紧后工作B和C，其持续时间为A=5天、B=4天、C=6天。如果B和C的最迟完成时间是第25天和第23天，则工作A的最迟开始时间是（　）。
A. 12天　B. 16天　C. 17天　D. 21天

90. 工作的最迟开始时间是指在不影响整个任务按期完成的前提下，工作必须开始的最迟时刻，用（　）表示。
A. $CS_{i\text{-}j}$　B. $ES_{i\text{-}j}$　C. $CK_{i\text{-}j}$　D. $LS_{i\text{-}j}$

91．网络图如下图所示，则 $LS_{3\text{-}4}$ 为（　　）。

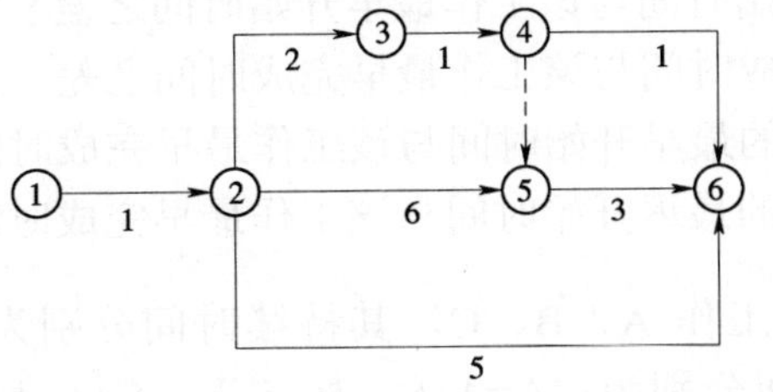

A．7　　B．6　　C．5　　D．4

92．在工程网络计划中，自由时差是不影响（　　）的前提下，该工作可以利用的机动时间。

A．紧后工作的最早开始　　B．后续工作的最早开始

C．紧后工作的最迟开始　　D．本工作的最早完成

93．工作的自由时差是指在不影响其紧后工作最早开始时间的前提下，本工作可以利用的机动时间，用（　　）表示。

A．$ZY_{i\text{-}j}$　　B．$FR_{i\text{-}j}$　　C．$FF_{i\text{-}j}$　　D．$TF_{i\text{-}j}$

94．网络图如下图所示，则 $FF_{3\text{-}4}$ 为（　　）。

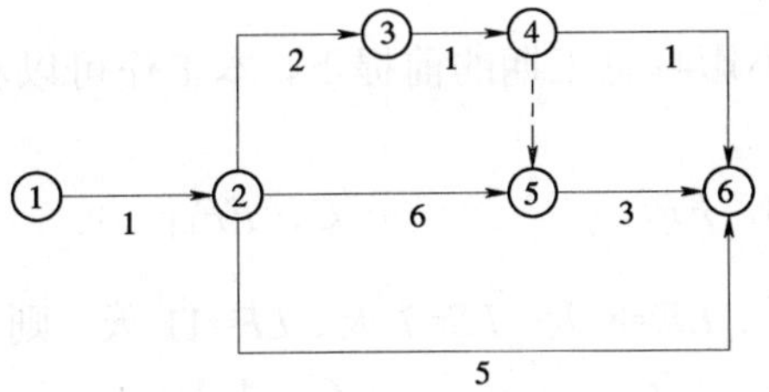

A．0　　B．1　　C．2　　D．3

95．某网络计划中，工作 E 有 4 项紧前工作 A、B、C、D，其持续时间分别为：A=3 天、B=5 天、C=6 天、D=4 天，其最早开始时间分别为：A=7 天、B=5 天、C=5 天、D=9 天。则工作 B 的自由时差为（　　）天。

A．0　　B．1　　C．2　　D．3

96．甲、乙为连续的两项工作，甲工作的最早开始时间是第 4 天，乙工作的最早开始时间是第 10 天；甲、乙工作的持续时间分别是 4 天和 5 天，则甲工作的自由时差是（　　）。

A．0 天　　B．2 天　　C．5 天　　D．6 天

97．工作的自由时差是指（　　）。

A．在不影响其紧后工作最早完成时间的前提下，该工作可以利用的机动时间

B．在不影响其紧后工作最迟开始时间的前提下，该工作可以利用的机动时间

C．在不影响其紧后工作最迟完成时间的前提下，该工作可以利用的机动时间

D．在不影响其紧后工作最早开始时间的前提下，该工作可以利用的机动时间

98．双代号网络计划中某工作的自由时差等于（　　）。

A．该工作的最迟开始时间与该工作最早开始时间之差

B．该工作的最迟完成时间与该工作最早完成时间之差

C．该工作紧后工作的最早开始时间与该工作最早完成时间之差

D．该工作紧后工作的最迟开始时间与该工作最早完成时间之差

99．工作 D 有 3 项紧前工作 A、B、C，其持续时间分别为：A=4 天、B=7 天、C=6 天，其最早开始时间分别为：A=4 天、B=5 天、C=6 天，则工作 C 的自由时差为（　　）天。

A．0　　B．5　　C．1　　D．3

100．工作 E 有 4 项紧前工作 A、B、C、D，其持续时间分别为：A=2 天、B=6 天、C=7 天、D=5 天，其最早开始时间分别为：A=8 天、B=4 天、C=6 天、D=10 天，则工作 B 的自由时差为（　　）天。

A．0　　B．1　　C．3　　D．5

101．在某工程网络计划中，工作 M 的最早开始时间和最迟开始时间分别为第 12 天和第 15 天，其持续时间为 5 天。工作 M 有 3 项紧后工作，它们的最早开始时间分别为第 21 天、第 24 天和第 28 天，则工作 M 的自由时差为（　　）天。

A．1　　B．3　　C．4　　D．8

102．工作的总时差是指在不影响总工期的前提下，本工作可以利用的机动时间，用（　　）表示。

A．$ZY_{i\text{-}j}$　　B．$FR_{i\text{-}j}$　　C．$FF_{i\text{-}j}$　　D．$TF_{i\text{-}j}$

103．已知某工作的 ES=4 天、EF=8 天、LS=7 天、LF=11 天，则该工作的总时差为（　　）。

A．2 天　　B．3 天　　C．4 天　　D．6 天

104．在工程网络计划中，工作的总时差是指在不影响（　　）前提下，该工作可以利用的机动时间。

A．紧后工作最早开始　　B．后续工作最迟开始

C．紧后工作的最迟开始　　D．紧后工作的最早完成

105．对于任何一项工作，其自由时差一定（　　）总时差。

A．大于　　B．等于　　C．小于　　D．小于或等于

106．自由时差与总时差的关系是（　　）。

A．自由时差等于总时差　　B．自由时差小于总时差

C．自由时差大于总时差　　D．自由时差小于等于总时差

107．对于任何一项工作，其自由时差一定（　　）总时差。

A．大于　　B．小于　　C．等于　　D．不大于

108．工作的总时差是指（　　）。

A. 在不影响工期的前提下，该工作可以利用的机动时间
B. 在不影响其紧后工作最迟完成时间的前提下，该工作可以利用的机动时间
C. 在不影响其紧后工作最早开始时间的前提下，该工作可以利用的机动时间
D. 在不影响其紧后工作最迟开始时间的前提下，该工作可以利用的机动时间

109. 双代号网络图中，任何一个非关键工作必定满足（　　）。
A. $TF>FF$　　B. $TF\geqslant FF$　　C. $TF<FF$　　D. $TF=FF$

110. 已知某工作的 ES=4 天、EF=8 天、LS=7 天、LF=11 天，则该工作的总时差为（　　）。
A. 2 天　　B. 3 天　　C. 4 天　　D. 6 天

111. 完成某工作最短的持续时间为 8 天，最长的持续时间为 16 天，最可能的时间需要 15 天，则该工作的持续时间为（　　）天。
A. 16　　B. 15　　C. 14　　D. 10

112. 根据某施工企业的统计数据显示，完成某分部工程的最短时间为 71 天，最长时间为 77 天，正常时间为 75 天，则该分部工程的持续时间应为（　　）天。
A. 76　　B. 75　　C. 74　　D. 73

113. 下列说法中，错误的是（　　）。
A. 工期可分为规定工期、计划工期和计算工期
B. 计划工期可以小于规定工期
C. 计划工期可以等于规定工期
D. 计划工期有时可等于计算工期

114. 工程网络计划的计划工期（　　）。
A. 等于要求工期　　B. 等于计算工期
C. 不超过要求工期　　D. 不超过计算工期

115. 计算工期是指通过计算求得的网络计划的工期，用（　　）表示。
A. T_j　　B. T_c　　C. T_r　　D. T_p

116. 要求工期是指任务委托人所提出的指令性工期，用（　　）表示。
A. T_j　　B. T_c　　C. T_r　　D. T_p

117. 计划工期是指根据要求工期和计算工期所确定的作为实施目标的工期，用（　　）表示。
A. T_j　　B. T_c　　C. T_r　　D. T_p

118. 网络图如下图所示，则 TF_{3-4} 为（　　）。

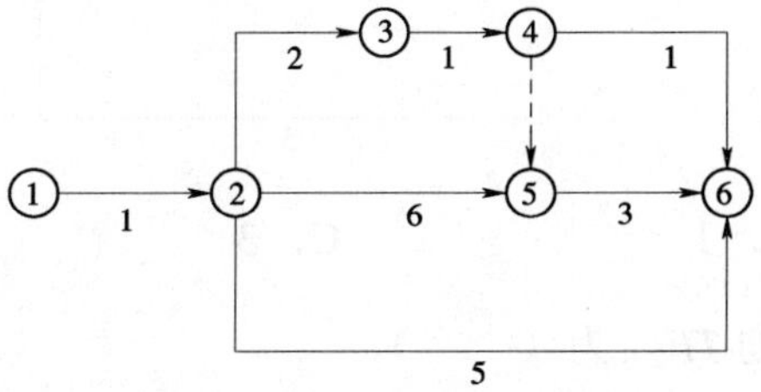

A．0　　B．1　　C．2　　D．3

119．网络图如下图所示，则 $FF_{2\text{-}3}$ 为（　　）。

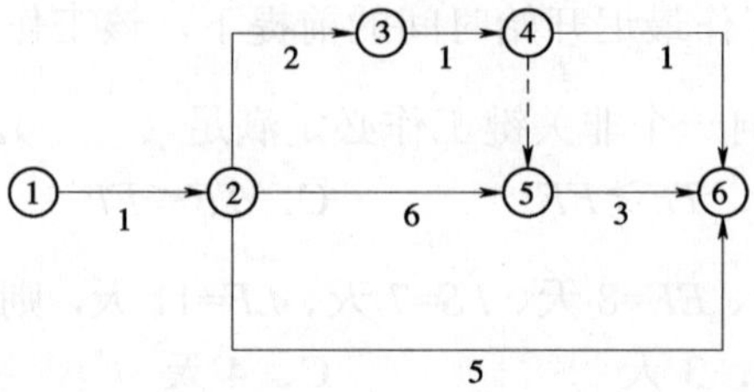

A．0　　B．1　　C．2　　D．3

120．网络图如下图所示，则 $FF_{5\text{-}6}$ 为（　　）。

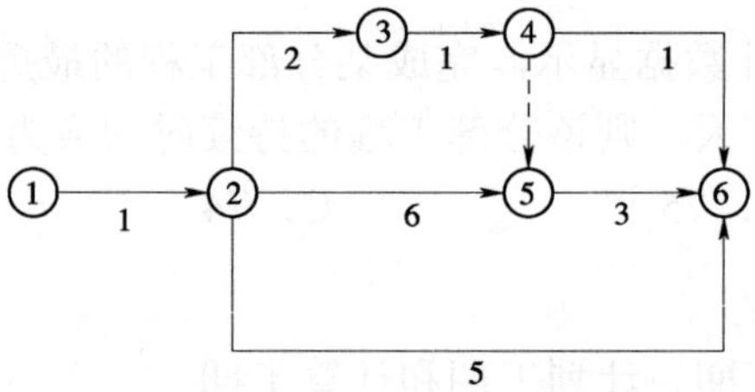

A．0　　B．1　　C．2　　D．3

121．网络图如下图所示，则 $TF_{5\text{-}6}$ 为（　　）。

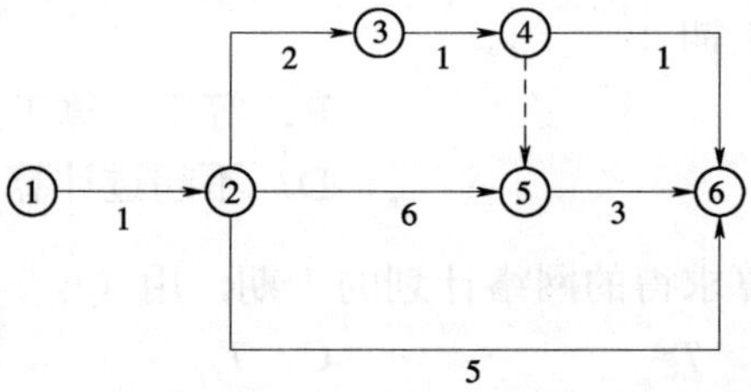

A．0　　B．1　　C．2　　D．3

122．网络图如下图所示，则 $FF_{2\text{-}6}$ 为（　　）。

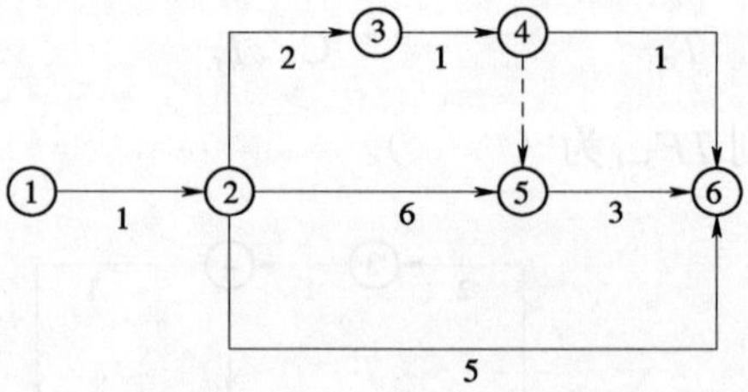

A．0　　B．1　　C．3　　D．4

123．网络图如下图所示，则 $TF_{2\text{-}6}$ 为（　　）。

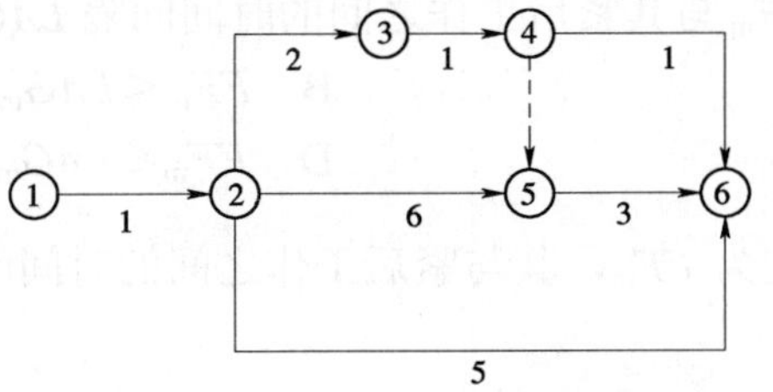

A．0　　　　B．1　　　　C．3　　　　D．4

124．在某工程双代号网络计划中，工作 M 的持续时间及开始节点和完成节点的最早时间与最迟时间如下图所示，则工作 M 的总时差为（　　）。

A．1　　　　B．2

C．3　　　　D．4

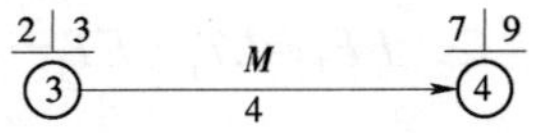

125．在某工程双代号网络计划中，工作的持续时间及开始节点和完成节点的最早时间与最迟时间如下图所示，则工作的总时差为（　　）。

A．1　　　　B．2

C．3　　　　D．4

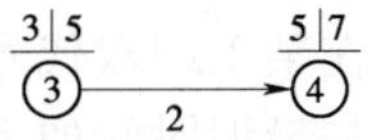

126．在某工程双代号网络计划中，工作 M 的最早开始时间和最迟开始时间分别为第 15 天和第 18 天，其持续时间为 7 天。工作 M 有 2 项紧后工作，它们的最早开始时间分别为第 24 天和第 26 天，则工作 M 的总时差和自由时差（　　）天。

A．分别为 4 和 3　　　　B．均为 3

C．分别为 3 和 2　　　　D．均为 2

127．在某工程双代号网络计划中，工作 N 的最早开始时间和最迟开始时间分别为第 20 天和第 25 天，其持续时间为 9 天。该工作有 2 项紧后工作，它们的最早开始时间分别为第 32 天和第 34 天，则工作 N 的总时差和自由时差分别为（　　）。

A．2 和 22　　　　B．2 和 30　　　　C．5 和 0　　　　D．5 和 3

128．已知某工程双代号网络计划中的 M 工作有两项紧后工作，这两项紧后工作的最早开始时间分别为第 15 天和第 18 天，工作 M 的最早开始时间和最迟开始时间分别为第 6 天和第 9 天，如果 M 工作的持续时间为 9 天，则工作 M（　　）。

A．总时差为 3 天　　　　B．自由时差为 3 天

C．总时差为 2 天　　　　D．自由时差为 2 天

129．在某工程双代号网络计划中，工作 M 的最早开始时间为第 15 天，其持续时间为 7 天。该工作有两项紧后工作，它们的最早开始时间分别为第 27 天和第 30 天，最迟开始时间分别为第 28 天和第 33 天，则工作 M 的总时差和自由时差（　　）天。

A．均为 5　　　　B．分别为 6 和 5

C．均为 6　　　　D．分别为 11 和 6

130. 某工作的自由时差 FF_m 与其紧后工作之间的时间间隔 $LAG_{m,x}$ 的关系为（　　）。

A. $FF_m > LAG_{m,x}$　　B. $FF_m < LAG_{m,x}$

C. $FF_m \geqslant LAG_{m,x}$　　D. $FF_m \leqslant LAG_{m,x}$

131. 某工作 m 的自由时差为 FF_m，其与紧后工作之间的时间间隔为 $LAG_{m,x}$。则下列关系式成立的是（　　）。

A. $FF_m=LAG_{m,x}$　　B. $FF_m=\min[LAG_{m,x}]$

C. $FF_m \geqslant LAG_{m,x}$　　D. $FF_m > LAG_{m,x}$

132. 用节点计算法计算工作 $i-j$ 的自由时差为 $FF_{i\text{-}j}$，其公式为（　　）。

A. $FF_{i\text{-}j}=ET_j-ET_j-D_{i\text{-}j}$　　B. $FF_{i\text{-}j}=ET_j-ET_j$

C. $FF_{i\text{-}j}=LT_j-ET_j-D_{i\text{-}j}$　　D. $FF_{i\text{-}j}=LT_j-LT_j$

133. 用节点计算法计算工作 $i-j$ 的总时差为 $TF_{i\text{-}j}$，其公式为（　　）。

A. $TF_{i\text{-}j}=ET_j-ET_j-D_{i\text{-}j}$　　B. $TF_{i\text{-}j}=ET_j-ET_j$

C. $TF_{i\text{-}j}=LT_j-ET_j-D_{i\text{-}j}$　　D. $TF_{i\text{-}j}=LT_j-LT_j$

134. 在某工程双代号网络计划中，工作 M 的持续时间及开始节点和完成节点的最早时间与最迟时间如下图所示，则工作 M 的自由时差为（　　）。

A. 1　　B. 2

C. 3　　D. 4

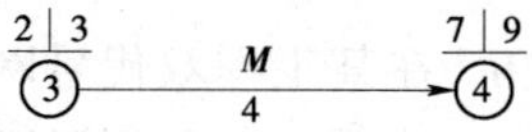

135. 在某工程双代号网络计划中，工作的持续时间及开始节点和完成节点的最早时间与最迟时间如下图所示，则工作的自由时差为（　　）。

A. 1　　B. 2

C. 0　　D. 4

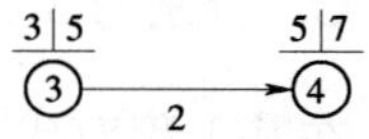

136. 网络计划的工期优化的目的是缩短（　　）。

A. 计划工期　　B. 计算工期　　C. 要求工期　　D. 合同工期

137. 以终点节点为结束节点的工作的自由时差其数值大小与其（　　）相同。

A. 最早完成时间　　B. 最迟完成时间

C. 总时差　　D. 紧后工作的最早开始时间

138. 以终点节点为结束节点的工作的自由时差与其总时差的大小关系为（　　）。

A. 自由时差小于总时差　　B. 自由时差等于总时差

C. 自由时差小于等于总时差　　D. 不确定

139. 关于自由时差和总时差，下列说法中错误的是（　　）。

A. 自由时差为零，总时差必定为零

B. 总时差为零，自由时差必为零

C. 不影响总工期的前提下，工作的机动时间为总时差

D. 不影响紧后工序最早开始的前提下，工作的机动时间为自由时差

140．利用工作的自由时差，其结果是（　　）。

A．不会影响紧后工作，也不会影响工期

B．会影响紧后工作，但不影响工期

C．不会影响紧后工作，但会影响工期

D．会影响紧后工作，也会影响工期

141．某工程时标网络图如下图所示，则工作 C 的最早开始时间和最迟开始时间分别为（　　）。

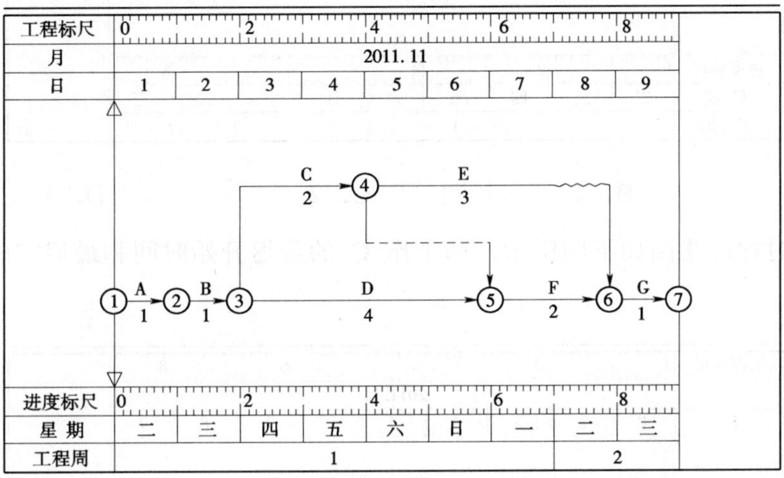

A．2 和 3　　B．2 和 4

C．2 和 5　　D．3 和 5

142．某工程时标网络图如下图所示，则工作 C 的自由时差为（　　）。

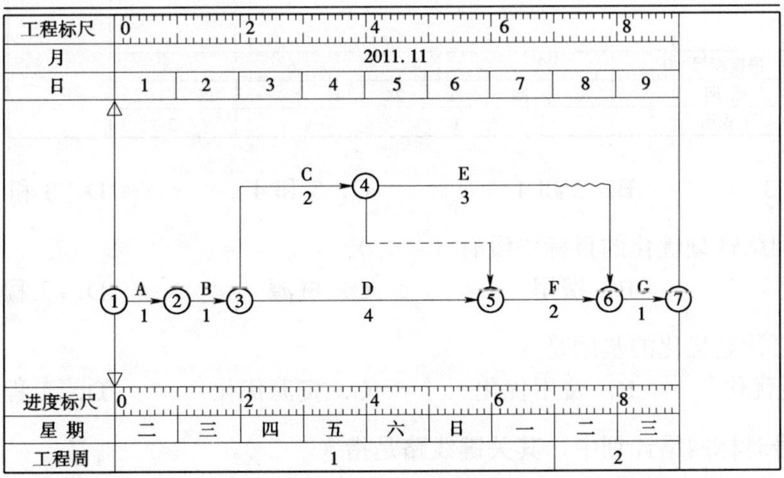

A．0　　B．1　　C．2　　D．3

143．某工程时标网络图如下图所示，则工作 C 的总时差为（　　）。

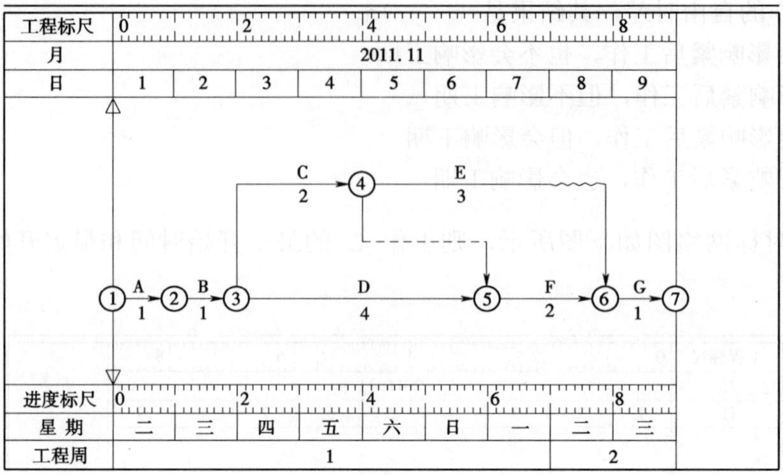

A．0　　B．1　　C．2　　D．3

144．某工程时标网络图如下图所示，则工作 C 的最迟开始时间和最迟完成时间分别为（　　）。

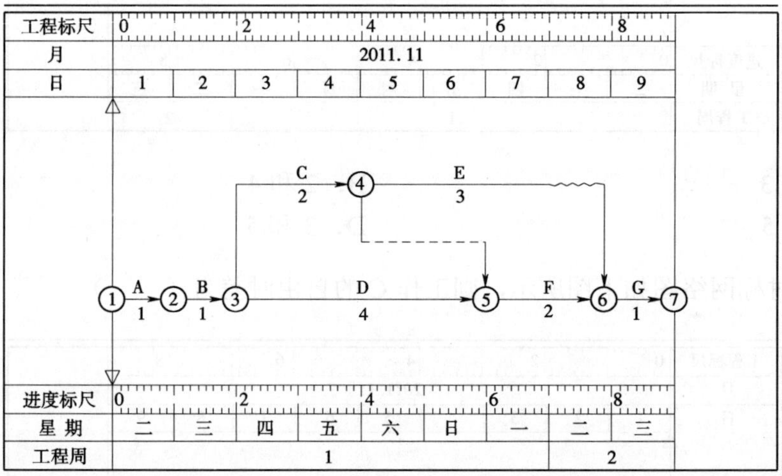

A．2 和 3　　B．2 和 4　　C．3 和 4　　D．3 和 5

145．在工程网络计划优化的目标中没有（　　）。

A．工期　　B．费用　　C．资源　　D．工程量

146．工程网络计划优化的基础是（　　）。

A．工期优化　　B．费用优化　　C．资源优化　　D．工程量优化

147．在双代号时标网络计划中，其关键线路是指（　　）。

A．没有虚工作的线路　　B．由关键节点组成的线路

C．没有波形线的线路　　D．持续时间小于总工期的线路

148．在双代号时标网络图中，其关键线路是（　　）。

A．自始至终没有虚工作的线路　　B．自始至终没有波形线的线路
C．既无虚工作，又无波形线的线路　　D．所需资源最多的工作构成的线路

149．关键线路之所以被称为关键线路，是因为（　　）。
A．自始至终都是实实在在的工作，很实在
B．线路上的工作作业速度很快，很关键
C．线路上的工作作业时间最长，决定工期
D．线路上的工作对于节省资源很关键

150．当网络图中某一非关键工作的持续时间拖延 Δ，且大于该工作的总时差 TF 时，网络计划总工期因此将拖延（　　）。
A．$\Delta - TF$　　B．$\Delta + TF$　　C．Δ　　D．$TF - \Delta$

151．当网络图中某一非关键工作的持续时间拖延 Δ，但不大于该工作的总时差 TF 时，网络计划总工期因此将拖延（　　）。
A．Δ　　B．$\Delta + TF$　　C．0　　D．$TF - \Delta$

152．当网络图中某一关键工作的持续时间拖延 Δ，则网络计划总工期因此将拖延（　　）。
A．Δ　　B．$\Delta + TF$　　C．0　　D．$TF - \Delta$

153．在双代号或单代号网络计划中，判别关键工作的条件是该工作（　　）最小。
A．自由时差　　B．与其紧后工作之间的时间间隔
C．持续时间　　D．总时差

154．在双代号网络计划中，由关键节点组成的工作是作为判别关键工作的（　　）条件。
A．充分　　B．充分且必要　　C．必要　　D．充分或必要

155．在双代号网络计划中，以关键节点为结束节点的工作的自由时差与总时差的关系为（　　）。
A．前者小于后者　　B．前者等于后者
C．前者不大于后者　　D．不确定

156．在工程网络计划执行过程中，如果某项工程的实际进度拖延的时间等于总时差，则该工作（　　）。
A．不会影响其紧后工作的最迟开始　　B．不会影响其后续工作的正常进行
C．必定影响其紧后工作的最早开始　　D．必定影响其后续工作的最早开始

157．在工程网络计划执行过程中，如果某项工程的实际进度拖延的时间没有超过自由时差，则该工作（　　）。
A．必定影响其紧后工作的最早开始时间
B．不会影响其紧后工作的最早开始时间
C．必定影响其后续工作的最迟开始时间
D．会影响其后续工作的正常进行

158．在工程网络计划执行过程中，如果某项工作拖延时间超过自由时差，则（　　）。

A．必定影响其紧后工作的最早开始时间

B．必定影响总工期

C．该项工作必定变为关键工作

D．对其后续工作及工程总工期无影响

159．在工程网络计划执行过程中，如果工作的自由时差正好被利用完，则会影响（　　）。

A．本工作的最早完成时间　　B．其紧后工作的最早开始时间

C．平行工作的最早完成时间　　D．其后续工作的最早完成时间

160．在工程网络计划执行过程中，如果某工作进度拖后，必定影响的工作是该工作的（　　）。

A．先行工作　　B．后续工作　　C．平行工作　　D．紧前工作

161．工程网络计划中工作的基本时间参数有两个，为（　　）。

A．最早开始时间、最早完成时间　　B．最迟开始时间、最迟完成时间

C．自由时差、总时差　　D．工作的持续时间、工期

162．下图为工程网络计划费用优化时的基本情况表，则据此表应选择（　　）。

方案	压缩工作	费率或组合费率	压缩时间
1	B	0.9	2
2	D	0.4	2
3	G	0.2	1

A．方案 1　　B．方案 2　　C．方案 3　　D．方案 1、方案 2

163．下图为工程网络计划费用优化时的基本情况表，则据此表应选择（　　）。

方案	压缩工作	费率或组合费率	压缩时间
1	C	0.5	3
2	A	0.1	2
3	D	0.2	4

A．方案 1　　B．方案 2　　C．方案 3　　D．方案 1、方案 2

164．已知某工程网络计划中工作 M 的自由时差为 3 天，总时差为 5 天，现实际进度影响总工期 1 天，在其他工作均正常的前提下，工作 M 的实际进度比计划进度拖延了（　　）天。

A．3　　B．4　　C．5　　D．6

165．某工程网络计划在执行过程中，某工作实际进度比计划进度拖后 5 天，影响工期 2 天，则该工作原有的总时差为（　　）。

A．2 天　　B．3 天　　C．5 天　　D．7 天

166．某工程网络计划中 A 工作的持续时间为 5 天，总时差为 8 天，自由时差为 4 天。如

果 A 工作实际进度拖延 13 天，则会影响工程计划工期（　　）。

A．3 天　　B．4 天　　C．5 天　　D．10 天

167．已知某工程网络计划中工作 G 的自由时差为 4 天，总时差为 6 天，现实际进度影响总工期 1 天，在其他工作均正常的前提下，工作 G 的实际进度比计划进度拖延了（　　）天。

A．4　　B．7　　C．5　　D．6

168．某工程网络计划在执行过程中，某工作实际进度比计划进度拖后 6 天，影响工期 2 天，则该工作原有的总时差为（　　）。

A．2 天　　B．3 天　　C．4 天　　D．5 天

169．某工程网络计划执行过程中 A 工作的持续时间为 5 天，总时差为 8 天，自由时差为 4 天。如果 A 工作实际进度拖延 11 天，则会影响工程计划工期（　　）。

A．3 天　　B．4 天　　C．5 天　　D．6 天

170．在某工程网络计划中，已知 M 工作的自由时差为 3 天，如果在执行中 M 工作持续时间拖了 2 天，则此工作 M（　　）。

A．使总工期延长 2 天　　B．不会使总工期延长

C．自由时差不变，总时差减少 2 天　　D．影响其后续工作的正常进行

171．在工程网络计划执行中，某项工作延误时间超过了其自由时差，但未超过其总时差，则该延误将使得（　　）。

A．紧后工作的最早开始时间后延　　B．总工期延长

C．紧后工作的最迟开始时间后延　　D．后续关键工作的最早开始时间后延

172．工程网络计划优化以（　　）为目标，使其满足规定。

A．费用最低　　B．资源均衡　　C．最低成本　　D．缩短工期

173．在工程网络计划工期优化中，选择优先压缩的关键工作时，必须是（　　）。

A．持续时间最短　　B．缩短时间费用最大

C．对安全质量影响大　　D．资源充足

174．工程网络资源优化主要有（　　）。

A．资源有限—工期最短优化　　B．总成本最低的工期安排

C．按要求工期寻找最低成本　　D．工期最短—资源均衡优化

175．工程网络计划优化的目的不包括（　　）。

A．工程总费用最低时的工期安排　　B．资源均衡条件下最短工期安排

C．工期固定条件下资源均衡安排　　D．满足要求工期的计划安排

176．对工程网络计划进行优化，其目的包括（　　）。

A．使资源强度最低　　B．使间接费用最低

C．使计算工期满足要求工期　　D．使直接费用最低

177. 工程网络费用优化是指寻求工程（ ）的计划安排过程。

A. 资源有限—工期最短优化　　B. 总成本最低的工期安排

C. 工期最短　　D. 工期固定—资源均衡优化

178. 工程网络费用优化是指寻求工程（ ）的计划安排过程。

A. 资源有限—工期最短优化　　B. 资源消耗最均衡的工期安排

C. 按要求工期寻找最低成本　　D. 工期固定—资源均衡优化

179. 周一上午土木楼某教室宋老师上前两节课，曲老师上后两节课，课间有 10 分钟休息时间，这 10 分钟时间可视作网络计划时间参数中的（ ）。

A. 最早时间　　B. 最迟时间　　C. 自由时差　　D. 总时差

180. 网络计划中的虚箭线和其两端节点结合形似工作，但是不宜按工作来进行时间参数计算，原因在于（ ）。

A. 虚箭线实质上不是工作　　B. 虚工作没有时间消耗

C. 虚工作没有资源消耗　　D. 计算虚工作比较麻烦

181. 网络计划中的虚箭线和实箭线均可以表达逻辑关系，均可以表示工作的进展方向，但是两者也有本质区别，下述说法不正确的是（ ）。

A. 实箭线可以表示工作进展方向，但是指工作本身须有实工作存在才可以

B. 虚箭线可用于表达逻辑关系，表示工作进展方向，但不需要有工作存在

C. 虚箭线仅用于表达逻辑关系

D. 实箭线在表达逻辑关系时，有联系、区分、断开等作用

182. 如下图所示，则 ET_4 为（ ）。

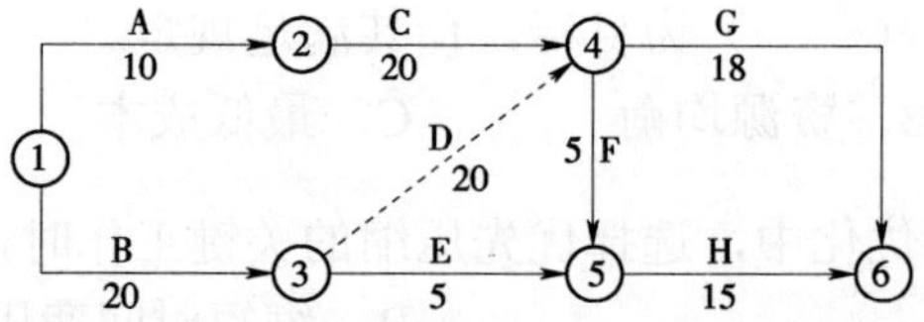

A. 25　　B. 30　　C. 35　　D. 40

183. 如下图所示，则 LT_5 为（ ）。

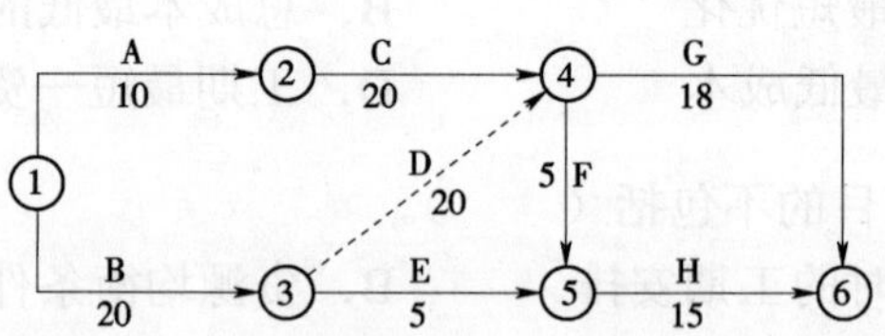

A. 45　　B. 40　　C. 35　　D. 32

184. 在工程网络计划中，判别关键工作的条件是该工作（ ）。

A. 结束与紧后工作开始之间的时距最小

B．与其紧前工作之间的时间间隔为零
C．与其紧后工作之间的时间间隔为零
D．最迟开始时间与最早开始时间的差值最小

185．在工程网络计划中，若某项工作的（　　）最小，则该工作必为关键工作。
A．自由时差　　B．持续时间　　C．时间间隔　　D．总时差

186．在工程网络计划中，判别工作没有自由时差的条件是该工作（　　）。
A．自由时差最小
B．持续时间最长
C．与其紧后工作之间的时间间隔为零
D．都不是

187．在工程网络计划中，关键工作是（　　）的工作。
A．自由时差为零　　B．总时差最大
C．关键线路上　　D．两端节点为关键节点

188．从20世纪60年代开始运用网络计划的，著名数学家（　　）教授结合我国实际，在吸收国外网络计划技术理论的基础上，将CPM、PERT等方法统一定名为统筹法。网络计划技术在我国已广泛应用于国民经济各个领域的计划管理中。
A．华罗庚　　B．苏步青　　C．陈省身　　D．陈景润

189．关于单代号网络图的正确说法是（　　）。
A．用一个节点及其编号代表一项工作
B．用一条箭线及其两端节点的编号代表一项工作
C．箭杆的长度与工作的持续时间成正比
D．不需要任何虚工作

190．关于单代号网络图的错误说法是（　　）。
A．按照已定的逻辑关系顺序绘图　　B．图中不允许有循环回路
C．节点间严禁使用无箭头的线段连接　　D．每个节点必定代表一项实际工作

191．下列有关非时标双代号网络计划的不正确说法是（　　）。
A．图上显示各项工作的时间参数
B．最早时间不能直接确定，需另行计算
C．关键线路需通过计算确定
D．实箭线箭杆的长度与工作的持续时间无关

192．下列有关双代号时标网络计划的正确说法是（　　）。
A．图上显示各项工作的最迟开始和最迟完成时间
B．图上不显示总时差，需另行计算
C．关键线路需通过计算确定
D．实箭线箭杆的长度与工作的持续时间无关

193．不占工作时间，在时标网络计划中以（　　）表示。

A．水平虚箭线　　B．倾斜虚箭线

C．垂直的虚箭线　　D．竖直实箭线

194．在时标网络计划中，若虚箭线在水平投影方向有长度，则表示（　　）。

A．有自由时差　B．有总时差　C．时间间隔不为零　D．都不是

195．在时标网络计划中，若虚箭线在水平投影方向的长度增加，则表示（　　）。

A．其自由时差增加　　B．其总时差增加

C．时间间隔增加　　D．都不是

196．网络计划在执行中发现 B 工作还需作业 5 天，但该工作至计划最早完成时间尚有 4 天，则该工作（　　）。

A．正常　　B．将使总工期拖延 1 天

C．不会影响总工期　　D．不能确定是否影响总工期

197．网络计划在执行过程中发现 N 工作还需 5 天才能完成，但该工作至计划最迟完成时间尚有 4 天，则该工作（　　）。

A．正常　　B．将使总工期拖延 1 天

C．不会影响总工期　　D．不能确定是否影响总工期

198．工程双代号网络计划的计算工期为 130 天。如果计划工期为 135 天，则关键线路上（　　）。

A．相邻工作之间间隔为零　　B．工作的自由时差为零

C．工作的总时差为零　　D．节点最早时间等于最迟时间

199．工程双代号网络计划 T_C=320 天。如果 T_P=335 天，则关键线路上（　　）。

A．相邻工作之间间隔为零　　B．工作的自由时差为零

C．工作的总时差为零　　D．节点最早时间等于最迟时间

200．当网络计划的计划工期大于计算工期时，关键工作的总时差（　　）。

A．等于零　B．大于零　C．小于零　D．不大于零

201．当网络计划的工期小于计算工期时，关键工作的总时差（　　）。

A．等于零　B．大于零　C．小于零　D．不大于零

202．关于双代号网络计划，错误的说法是（　　）。

A．关键线路可能不止一条　　B．在计划实施过程中，关键线路可以改变

C．关键线路只有一条　　D．关键工作的机动时间最少

203．在某工程双代号网络计划中，如果以某关键节点为完成节点的工作有 3 项，则（　　）。

A．全部为关键工作　　B．至少有一项为关键工作

C．自由时差相等　　D．总时差相等

204．在双代号时标网络计划中，当计划工期等于计算工期时，工作箭线中波形线的水平投

影长度表示（　　）。

A．自由时差　　B．时间时距　　C．总时差　　D．虚工作

205．双代号时标网络图如下图所示。若 B、D、G 三项工作共用一台施工机械而必须顺序施工，则在不影响总工期的前提下，该施工机械在施工现场的最小闲置时间是（　　）。

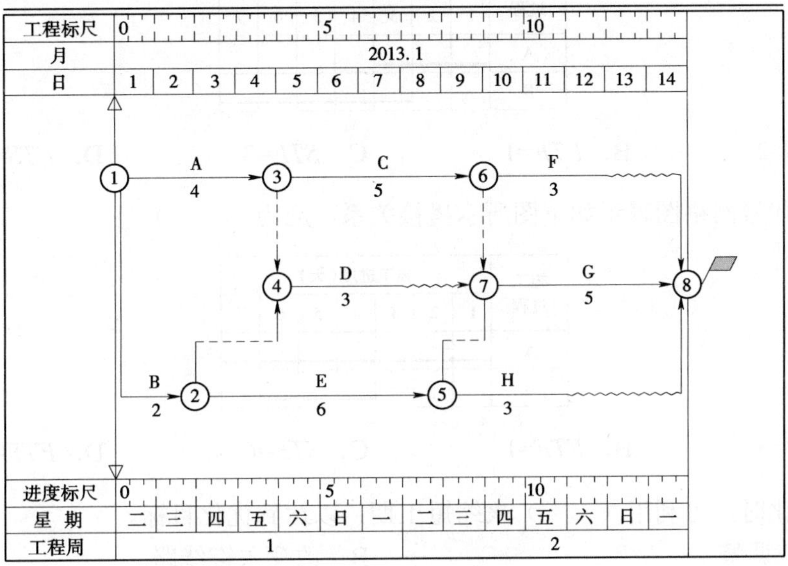

A．1 天　　B．2 天　　C．3 天　　D．4 天

206．在网络计划工期优化过程中，当出现两条独立的关键线路时，在考虑对质量、安全影响的基础上，优先选择的压缩对象应是这两条关键线路上（　　）的工作组合。

A．资源消耗量之和最小　　B．直接费用率和最小

C．持续时间之和最长　　D．间接费用率之和最小

207．在网络计划工期优化过程中，当出现多条关键线路时，在考虑对质量、安全影响的基础上，优先选择的压缩对象应是各条关键线路上（　　）。

A．直接费之和最小的工作组合，且压缩后的工作仍然是关键工作

B．直接费之和最小的工作组合，而压缩后的工作可能变为非关键工作

C．直接费用率之和最小的工作组合，且压缩后的工作仍然是关键工作

D．直接费用率之和最小的工作组合，而压缩后的工作可能变为非关键工作

208．在建设工程进度计划的执行过程中，缩短某些工作的持续时间是调整建设工程进度计划的有效方法之一，这些被压缩的工作应该是关键线路和超过计划工期的非关键线路上（　　）的工作。

A．持续时间较长　　B．直接费用率最小

C．所需资源有限　　D．自由时差为零

209．在网络计划工期优化过程中，下述说法正确的是（　　）。

A．在优化过程中，关键工作绝对不能变为非关键工作

B．在优化过程中要保证所有关键工作不能变为非关键工作

C．在优化过程中要保证被压缩的关键工作不能变为非关键工作

210．若用单代号网络图表示如下图所示搭接关系，应为（　）。

A．STS=2　　B．FTF=1　　C．STF=3　　D．FTS=1

211．若用单代号网络图表示如下图所示搭接关系，应为（　　）。

A．STS=3　　B．FTF=1　　C．STF=6　　D．FTF=－1

212．工期优化时，可利用（　　）来缩短工期，以达到优化目标。

A．时差调整　　B．改变关键线路

C．均衡资源供应　　D．压缩关键工作的持续时间

213．在网络计划的工期优化过程中，选择优先压缩对象时应考虑的因素之一是关键工作的（　）。

A．持续时间最长　　B．直接费最小

C．直接费用率最小　　D．间接费用率最小

214．在工期固定—资源均衡的网络计划优化过程中，为了使工程所需资源按时间的分布符合优化目标，调整网络计划的方法通常是（　）。

A．只改变工作的进行时间

B．改变关键工作的开始时间或持续时间

C．改变工作的持续时间或工作之间的逻辑关系

D．只改变工作之间的逻辑关系

215．在资源有限—工期最短的网络计划优化过程中，为了使工程所需资源按时间的分布符合优化目标，调整网络计划的方法通常是（　）。

A．只改变工作的进行时间

B．改变关键工作的开始时间或持续时间

C．改变工作的持续时间或工作之间的逻辑关系

D．只改变工作之间的逻辑关系

216．工期固定—资源均衡的网络计划优化，是利用（　）来进行的。

A．线路　　　　B．工期　　　　C．工作的时差　　　　D．资源

217．非时标网络计划中工作的持续时间不可采用（　　）计算。

A．定额计算法　　　　B．三时估计法

C．经验估计法　　　　D．工作计算法和节点计算法

218．非时标网络计划的工期可采用（　　）计算。

A．定额计算法和经验估计法　　　　B．定额计算法和三时估计法

C．定额计算法和加权平均法　　　　D．工作计算法和节点计算法

219．某双代号网络计划中工作③→④的持续时间为 1 天，若节点③的最早时间为 3 天，则节点④的最早时间为（　　）天。

A．1　　　　B．2　　　　C．3　　　　D．4

220．某双代号网络计划中对于工作③→④来说，若节点③的最早时间为 3 天、节点④的最早时间为 8 天，则工作③→④的持续时间为（　　）天。

A．11　　　　B．8　　　　C．5　　　　D．3

221．在某双代号网络计划中，一工作的最早开始时间为 7、最迟完成时间为 9、持续时间为 2，则下列说法中不正确的是（　　）。

A．该工作的最早完成时间也为 9

B．该工作的自由时差为 0

C．该工作的总时差为 0

D．该工作的自由时差为 0 但总时差未必为 0

222．某双代号网络计划中，甲、乙工作为紧前紧后关系，甲工作是唯一一个以起点节点为开始节点的工作。若甲、乙工作的最早开始时间分别为 0 和 5，最迟完成时间为 5 和 8，则下列说法中正确的是（　　）。

A．甲、乙工作的最早完成时间也为 5 和 8

B．甲、乙工作均为关键工作

C．乙工作的总时差为 0

D．甲工作的自由时差为 0，但乙工作的自由时差未必为 0

223．某双代号网络计划如下图所示，则 ET_1 和 ET_5 分别为（　　）。

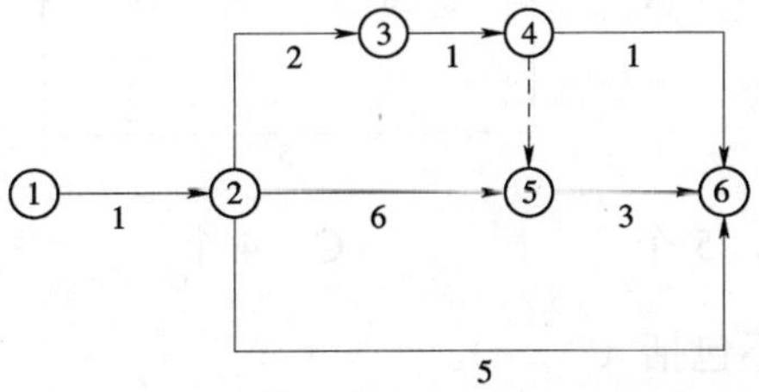

A．0 和 4　　　　B．0 和 7　　　　C．1 和 4　　　　D．1 和 7

224．某双代号网络计划如下图所示，则 LT_3 和 LT_6 分别为（　　）。

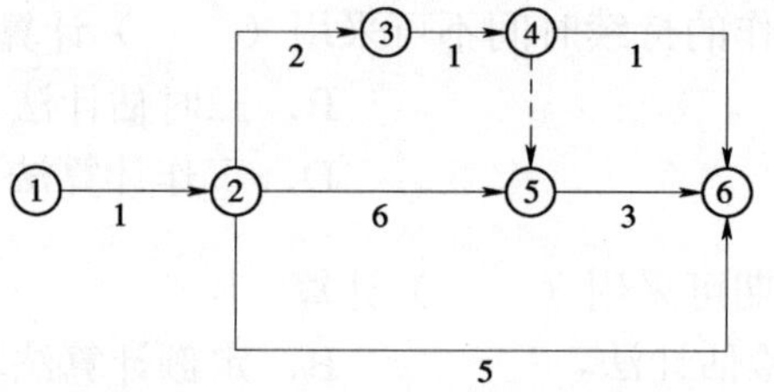

A．3 和 8　　B．3 和 6　　C．6 和 8　　D．6 和 10

225．某双代号网络计划如下图所示，则 ET_4 和 LT_4 分别为（　　）。

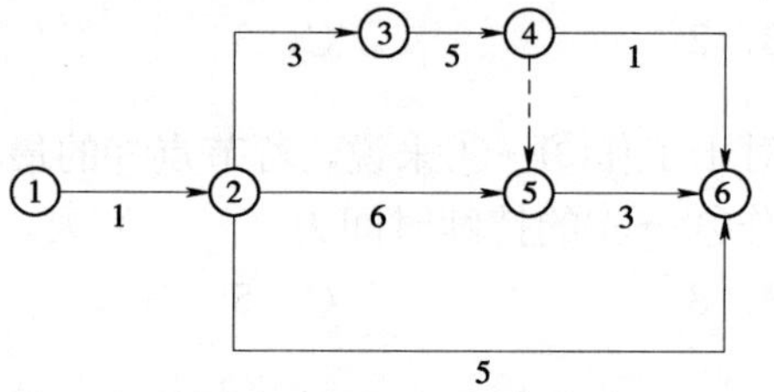

A．7 和 7　　B．9 和 9　　C．9 和 11　　D．7 和 9

226．某双代号网络计划如下图所示，则 LT_4 和 LT_5 分别为（　　）。

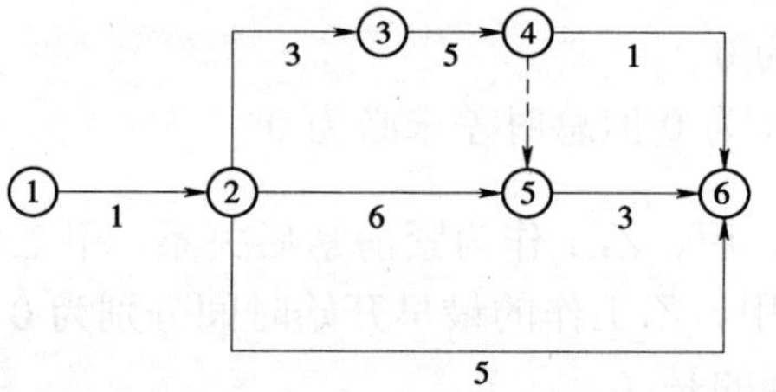

A．7 和 7　　B．9 和 9　　C．9 和 11　　D．7 和 9

227．某双代号网络计划如下图所示，则关键节点的数量为（　　）。

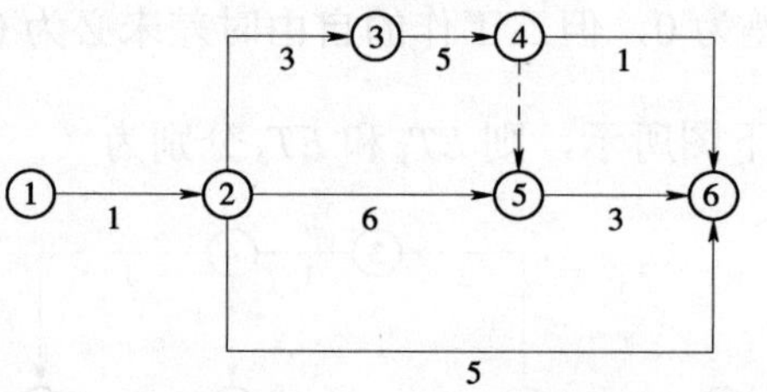

A．6 个　　B．5 个　　C．4 个　　D．3 个

228．确定关键线路的方法不包括（　　）。

A．目测法　　B．节点标号法　　C．破圈法　　D．时间参数计算法

229．确定关键线路及节点最早时间较为迅速、简便的方法是（　　）。

A．比较法　　B．节点标号法

C．破圈法　　D．时间参数计算法

230．下列说法中，不能确定关键线路的方法是（　　）。

A．计算工作的最早开始时间　　B．计算工作的最早完成时间

C．计算工作的总时差　　D．计算工作的自由时差

231．单代号网络计划图中的每一个节点表示（　　）。

A．一个瞬间　　B．一项工作

C．工作的开始或结束　　D．无时间或资源消耗

232．单代号网络计划图中，一般的工作节点有时间或资源的消耗。但是，当网络图中出现多项没有紧前工作的工作节点时，应在网络图的两端分别设置（　　）。

A．起点节点　　B．终点节点

C．虚拟的起点节点　　D．虚拟的终点节点

233．单代号网络计划图中，一般的工作节点有时间或资源的消耗。但是，当网络图中出现多项没有紧后工作的工作节点时，应在网络图的两端分别设置（　　）。

A．起点节点　　B．终点节点

C．虚拟的起点节点　　D．虚拟的终点节点

234．单代号网络计划图中，有时需要设置虚拟的终点节点，其用符号表示为（　　）。

A．Z_{d}　　B．W_{c}　　C．F_{in}　　D．S_{t}

235．单代号网络计划图中的节点内，需标注 3 个内容，其中节点最上部标注的是（　　）。

A．工作名称　　B．持续时间　　C．资源消耗　　D．节点编号

236．单代号网络计划图中的节点内，需标注 3 个内容，其中节点最下部标注的是（　　）。

A．工作名称　　B．持续时间　　C．资源消耗　　D．节点编号

237．单代号网络计划图中的节点内，需标注 3 个内容，其中节点中部标注的是（　　）。

A．工作名称　　B．持续时间　　C．资源消耗　　D．节点编号

238．单代号网络计划图中的箭线（　　）。

A．表示一项工作　　B．有时间或资源消耗

C．工作的开始或结束　　D．表示逻辑关系

239．若用单代号搭接网络图表达“某基坑挖土开始 3 天后，完成了一个施工段，垫层才可开始”，其应该用到的搭接关系为（　　）。

A．STS　　B．STF　　C．FTF　　D．FTS

240．若用单代号搭接网络图表达“某工程油漆结束 3 天后，油漆干燥了，再安装玻璃”，其应该用到的搭接关系为（　　）。

A．STS　　　　B．STF　　　　C．FTF　　　　D．FTS

241．若用单代号搭接网络图表达“某工程梁模板开始后，钢筋加工何时开始与模板没有直接关系，只要保证在 10 天内完成即可”，其应该用到的搭接关系为（　　）。

A．STS　　　　B．STF　　　　C．FTF　　　　D．FTS

242．若用单代号搭接网络图表达“某工程楼板浇筑结束后，模板拆除安排在 15 天内结束，以免影响上一层施工”，其应该用到的搭接关系为（　　）。

A．STS　　　　B．STF　　　　C．FTF　　　　D．FTS

243．时标网络图中节点的标号值实际上就是（　　）。

A．该节点的最早时刻

B．该节点的最迟时刻

C．以该节点为结束节点的工作（虚工作）的最早完成时刻

D．以该节点为结束节点的工作（虚工作）的最迟完成时刻

244．如下网络图中，节点⑥的标号值为（　　）。

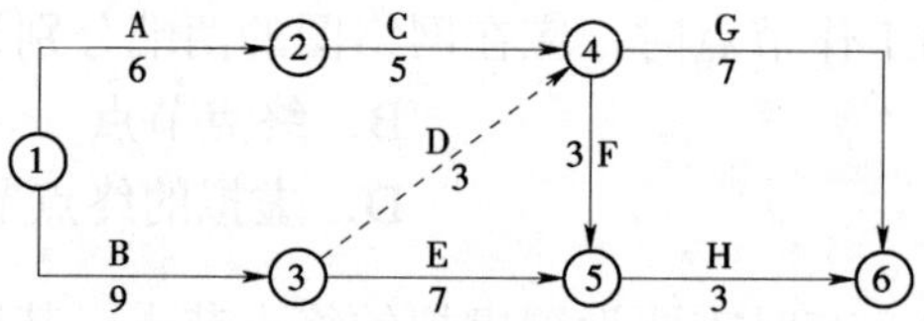

A．17　　　　B．18　　　　C．19　　　　D．都不对

245．如下网络图中，节点⑥的源节点为（　　）。

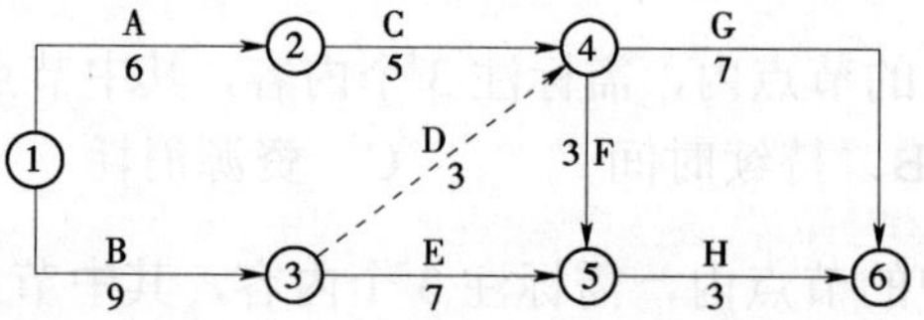

A．④　　　　B．⑤　　　　C．④和⑤　　　　D．都不对

246．如下网络图中，关键线路为（　　）。

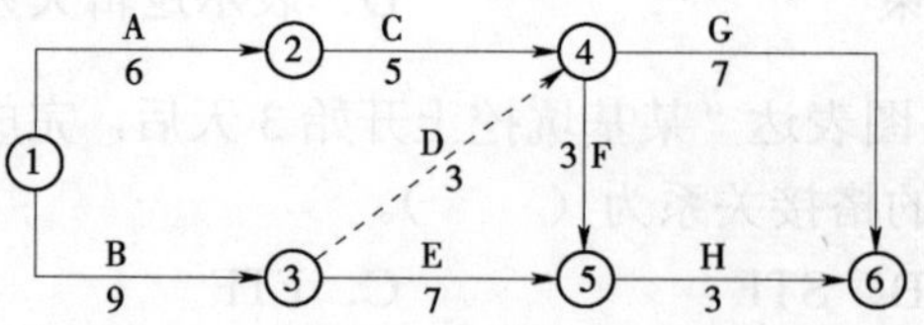

A．①→②→④→⑤→⑥　　　　B．①→③→④→⑤→⑥

C．①→③→⑤→⑥　　　　D．①→③→④→⑥和①→③→⑤→⑥

247．对于两项平行作业的工作 m 和工作 n 来说，为了降低相应时段的资源需用量，现将工作 n 安排在工作 m 之后进行，则网络计划的工期增量为（　　）。

A．$EF_m - LS_n$　　B．$LF_m + D_n - LF_n$

C．$EF_m + D_n - EF_n$　　D．$LF_m + D_n - EF_n$

248．工作 m 和工作 n 是两项平行作业的工作，若将工作 n 安排在工作 m 之后，网络计划的工期增量为－1，则表示（　　）。

A．使网络计划的工期减少 1 天　　B．使网络计划的工期增加了 1 天

C．没有使网络计划的工期增加　　D．都不是

249．关于网络计划的工期增量的说法，正确的是（　　）。

A．工期增量为负值表示网络计划的工期减少

B．工期增量为负值表示尚有总时差，不会使网络计划的工期增加

C．工期增量为负值表示网络计划的工期增加

D．都不是

250．工期固定—资源均衡的网络计划优化方法为（　　）。

A．削高峰法　　B．改进削高峰法

C．方差值最小法　　D．都不是

251．关于工期固定—资源均衡的网络计划优化说法，不正确的是（　　）。

A．若判别式 $\Delta<0$，则说明工作可以向右移动

B．若判别式 $\Delta=0$，则说明工作可以向右移动

C．若判别式 $\Delta>0$，则说明工作不可以向右移动

D．若判别式 $\Delta>0$，则未必说明工作不可以向右移动

252．在进行工期固定—资源均衡的网络计划优化过程中，若 $\Delta_1=2$、$\Delta_2=-1$、$\Delta_3=-1$、$\Delta_4=-3$，则下述说法正确的是（　　）。

A．只要判别式 $\Delta>0$，就说明工作不可以向右移动

B．因为判别式 $\Delta_1=2$，所以工作不可以向右移动

C．因为判别式 $\Delta_2=-1$，所以工作可以向右移动

D．因为判别式 $\Sigma\Delta=2-1-1-3=-3$，所以工作可以向右移动 4 天

253．采用图上计算法计算工作的时间参数时，工作的最早开始时间填在表格的（　　）。

A．第 1 行第 1 列　　B．第 1 行第 2 列

C．第 2 行第 1 列　　D．第 2 行第 2 列

254．采用图上计算法计算工作的时间参数时，工作的最迟开始时间填在表格的（　　）。

A．第 1 行第 1 列　　B．第 1 行第 2 列

C．第 2 行第 1 列　　D．第 2 行第 2 列

255．采用图上计算法计算工作的时间参数时，工作的最早完成时间填在表格的（　　）。

A．第 1 行第 1 列　　B．第 1 行第 2 列

C．第 2 行第 1 列　　　　　　　　　　D．第 2 行第 2 列

256．采用图上计算法计算工作的时间参数时，工作的最迟完成时间填在表格的（　　）。

A．第 1 行第 1 列　　　　　　　　　　B．第 1 行第 2 列

C．第 2 行第 1 列　　　　　　　　　　D．第 2 行第 2 列

257．采用图上计算法计算工作的时间参数时，工作的自由时差填在表格的（　　）。

A．第 1 行第 3 列　　　　　　　　　　B．第 3 行第 1 列

C．第 2 行第 3 列　　　　　　　　　　D．第 3 行第 2 列

258．采用图上计算法计算工作的时间参数时，工作的总时差填在表格的（　　）。

A．第 1 行第 3 列　　　　　　　　　　B．第 3 行第 1 列

C．第 2 行第 3 列　　　　　　　　　　D．第 3 行第 2 列

259．双代号网络图中的实箭线表示工作，并于箭线的上下标注有关工作的相关内容，其中箭线的上部标注工作的（　　）。

A．编号　　　　B．持续时间　　　　C．物资消耗　　　　D．名称

260．双代号网络图中的实箭线表示工作，并于箭线的上下标注有关工作的相关内容，其中箭线的下部标注工作的（　　）。

A．编号　　　　B．持续时间　　　　C．物资消耗　　　　D．名称

261．各工作之间的逻辑关系及双代号表示方法见下表，错误的是序号（　　）。

	各工作之间的逻辑关系	双代号表示方法
Ⅰ	A、B、C 依次进行	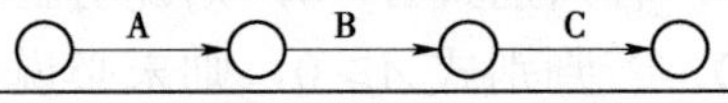
Ⅱ	A 完成后进行 B 和 C	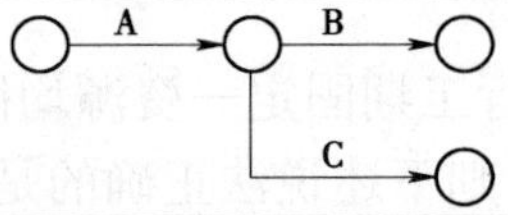
Ⅲ	A 和 B 完成后进行 C	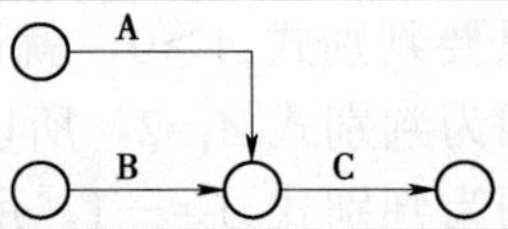
Ⅳ	A 完成后进行 B C 完成后进行 D	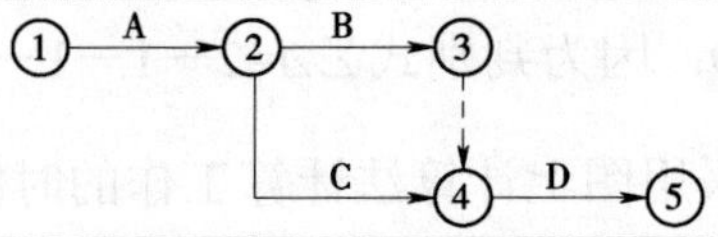

A．Ⅰ　　　　B．Ⅱ　　　　C．Ⅲ　　　　D．Ⅳ

262．各工作之间的逻辑关系及双代号表示方法见下表，错误的是（　　）。

	各工作之间的逻辑关系	双代号表示方法
Ⅰ	A 完成后同时进行 B、C，B 和 C 完成后进行 D	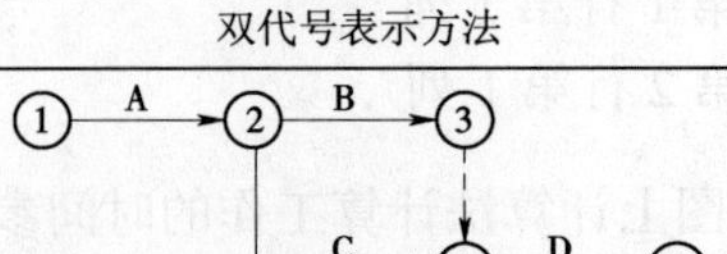

续表

	各工作之间的逻辑关系	双代号表示方法
Ⅱ	A、B 完成后进行 C 和 D	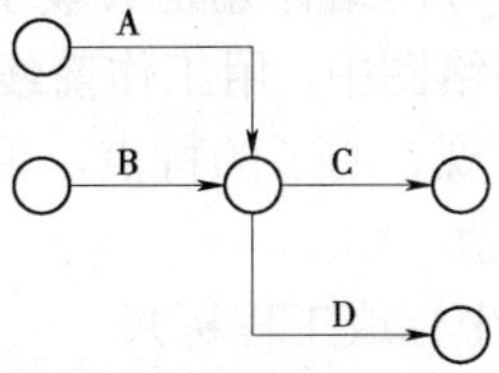
Ⅲ	A 完成后，进行 C、D；B 完成后进行 D	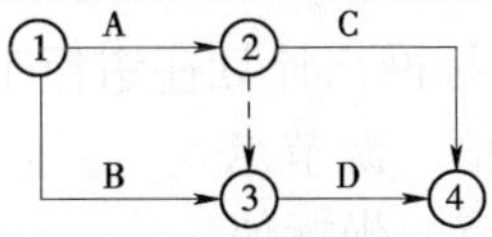
Ⅳ	A、B 活动分 3 段进行流水施工	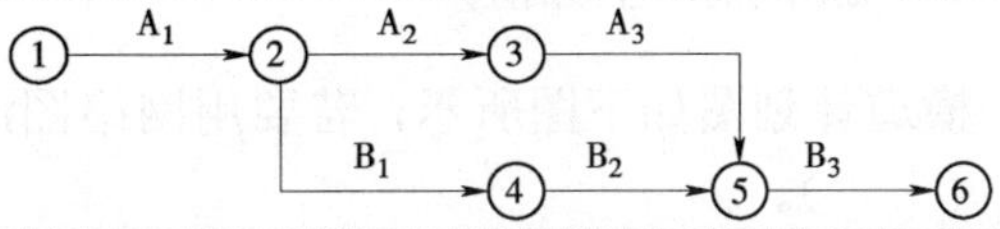

A．Ⅰ　　B．Ⅱ　　C．Ⅲ　　D．Ⅳ

263．各工作之间的逻辑关系及双代号表示方法见下表，错误的是序号（　　）。

	工作间的逻辑关系	单代号网络图
Ⅰ	A、B、C 依次进行	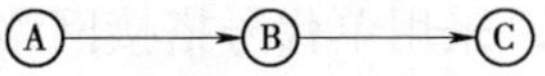
Ⅱ	A 完成后进行 B 和 C	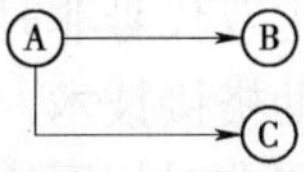
Ⅲ	A 和 B 完成后进行 C	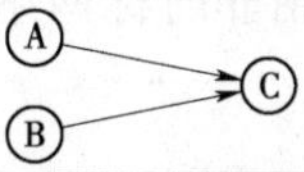
Ⅳ	A、B 完成后进行 C 和 D	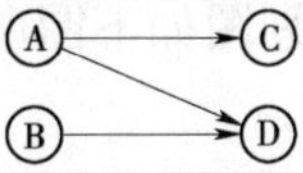

A．Ⅰ　　B．Ⅱ　　C．Ⅲ　　D．Ⅳ

264．各工作之间的逻辑关系及双代号表示方法见下表，错误的是序号（　　）。

	工作间的逻辑关系	单代号网络图
Ⅰ	A 完成后，进行 C；A、B 完成后进行 D	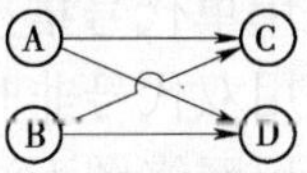
Ⅱ	A、B 完成后，进行 D；A、B、C 完成后，进行 E；D、E 完成后，进行 F	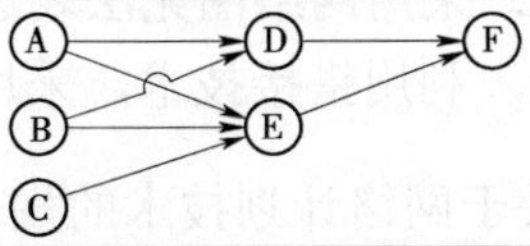
Ⅲ	A、B 活动分成三段组织流水作业	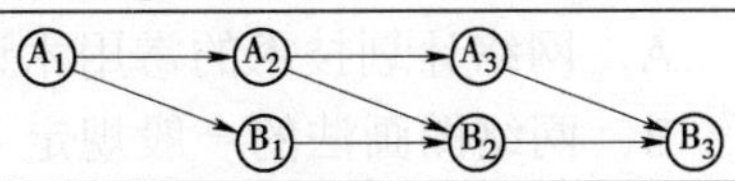
Ⅳ	A 完成后，进行 B；B、C 完成后，进行 D	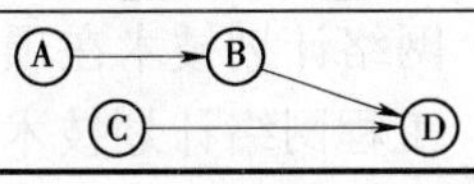

A．Ⅰ　　B．Ⅱ　　C．Ⅲ　　D．Ⅳ

265．双代号时标网络计划是吸取了横道计划的优点，以（　　）为尺度绘制的网络计划。在时标网络图中，用工作箭线的水平投影长度表示其持续时间的多少，从而使网络计划具备直观、明了的特点，便于使用。

A．标号值　　B．坐标值

C．时间坐标或工程标尺　　D．日历

266．双代号时标网络计划在进行节点标号时，其格式为（　　）。

A．标号值，源节点　　B．源节点，标号值

C．源节点，坐标值　　D．坐标值，源节点

267．横道计划图如下图所示，若要用网络图清楚表达横道计划的内容，则合理的分析应为（　　）。

A．采用单代号搭接网络图表达

B．采用双代号非时标网络图表达

C．借助搭接技术，采用双代号时标网络图表达

D．采用非时标网络图表达不清晰，采用时标网络图不能表达搭接施工。因此，无法表达

268．横道计划图如下图所示，若要用网络图清楚表达横道计划的内容，则合理的分析应为（　　）。

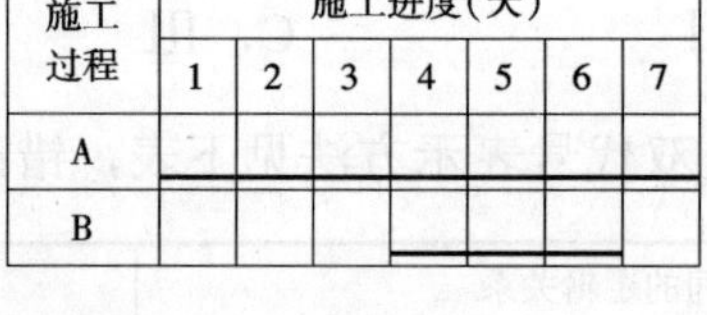

A．采用单代号搭接网络图表达

B．采用双代号非时标网络图分段表达

C．采用网络图无法表达

D．利用搭接技术，采用双代号时标网络图表达比较实用

269．关于网络计划技术的规范或规定有几本，其中标准 GB/T 13400.1 主要介绍（　　）。

A．网络计划技术的常用术语

B．网络图画法的一般规定

C．网络计划技术在项目管理中应用的一般程序

D．工程网络计划技术使用规程

270．关于网络计划技术的规范或规定有几本，其中标准 GB/T 13400.2 主要介绍（　　）。
A．网络计划技术的常用术语
B．网络图画法的一般规定
C．网络计划技术在项目管理中应用的一般程序
D．工程网络计划技术使用规程

271．关于网络计划技术的规范或规定有几本，其中标准 GB/T 13400.3 主要介绍（　　）。
A．网络计划技术的常用术语
B．网络图画法的一般规定
C．网络计划技术在项目管理中应用的一般程序
D．工程网络计划技术使用规程

272．关于网络计划技术的规范或规定有几本，其中标准 JGJ/T 121 主要介绍（　　）。
A．网络计划技术的常用术语
B．网络图画法的一般规定
C．网络计划技术在项目管理中应用的一般程序
D．工程网络计划技术使用规程

273．双代号网络计划中的工作可分为关键工作、非关键工作、辅助工作、挂起工作等，其中脚手架工作属于（　　）。
A．关键工作　　B．非关键工作　　C．辅助工作　　D．挂起工作

274．双代号网络计划中的工作可分为关键工作、非关键工作、辅助工作、挂起工作等，其中春节放假属于（　　）。
A．关键工作　　B．非关键工作　　C．辅助工作　　D．挂起工作

275．在双代号网络计划中，以某节点为开始节点的外向工作的最早开始时间（　　）。
A．相等　　B．不相等
C．关键工作的最早开始时间大于其他　　D．不确定

276．在双代号网络计划中，以某节点为结束节点的内向工作的最迟完成时间（　　）。
A．相等
B．不相等
C．关键工作的最早开始时间小于其他
D．关键工作的最早开始时间大于其他

277．在双代号网络计划中，起点节点的最早开始时间为（　　）。
A．开工日期　　B．0　　C．1　　D．不确定

278．在双代号网络计划中，终点节点的最迟完成时间（　　）。
A．为竣工日期　　B．为 0　　C．等于工期　　D．不确定

279．下图为一流水施工网络计划，有 A、B、C 3 个施工过程分 3 段施工，则正确的是（　　）。

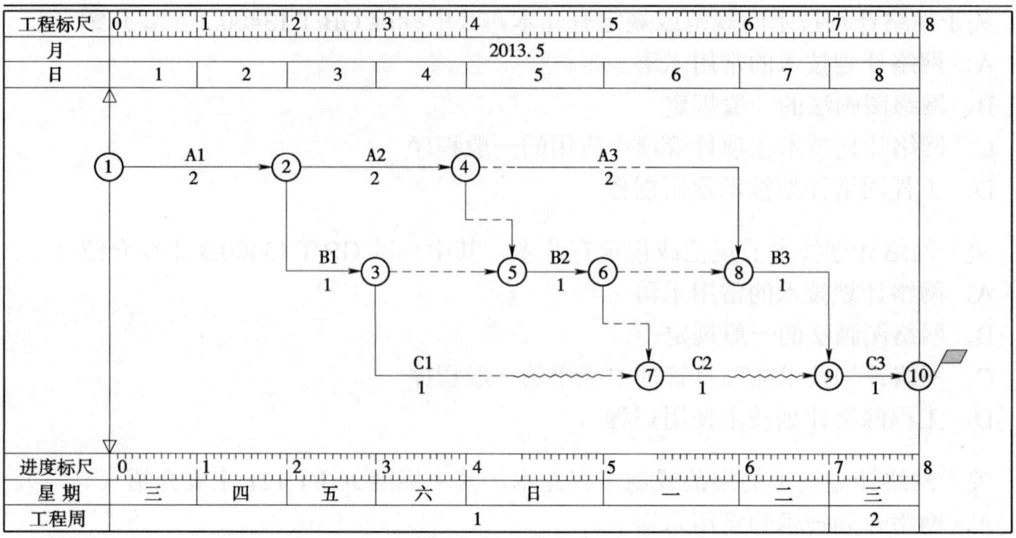

A．工作 B1 的最早开始时间为 2 天

B．工作 B1 的最早开始时间为 5 月 2 日

C．工作 B1 的最早开始时间为第 2 天

D．不确定

280．下图为一流水施工网络计划，有 A、B、C 3 个施工过程分 3 段施工，则关于虚箭线③→⑤、⑥→⑧有时间长度的分析，正确的说法是（　　）。

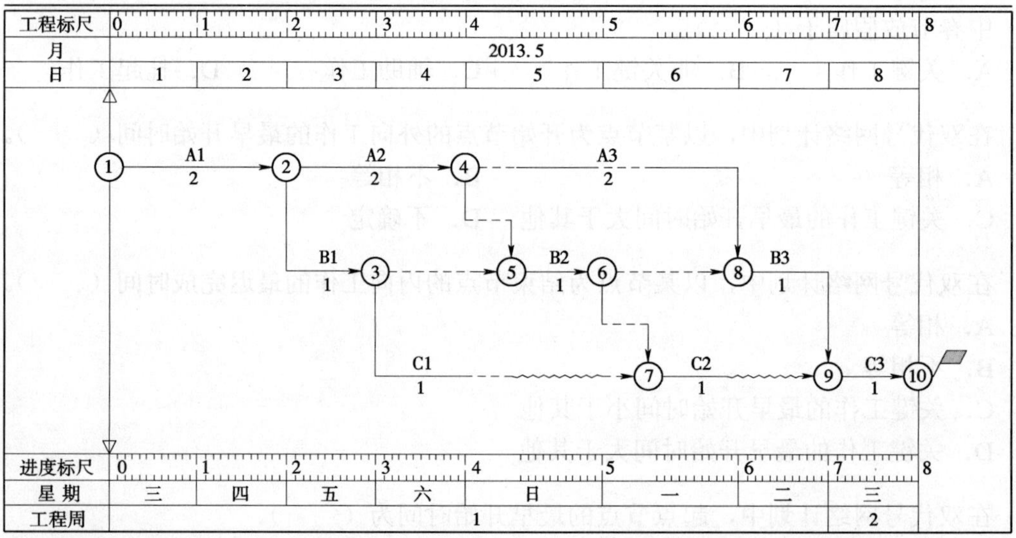

A．虚工作③→⑤、⑥→⑧有自由时差

B．虚工作③→⑤、⑥→⑧有总时差

C．A 工作施工速度慢，导致 B 工作施工不连续

D．都不是

281．下图为一流水施工网络计划，有 A、B、C 3 个施工过程分 3 段施工，则关于工作 C1、C2 之间有时间间隔的说法，正确的是（　　）。

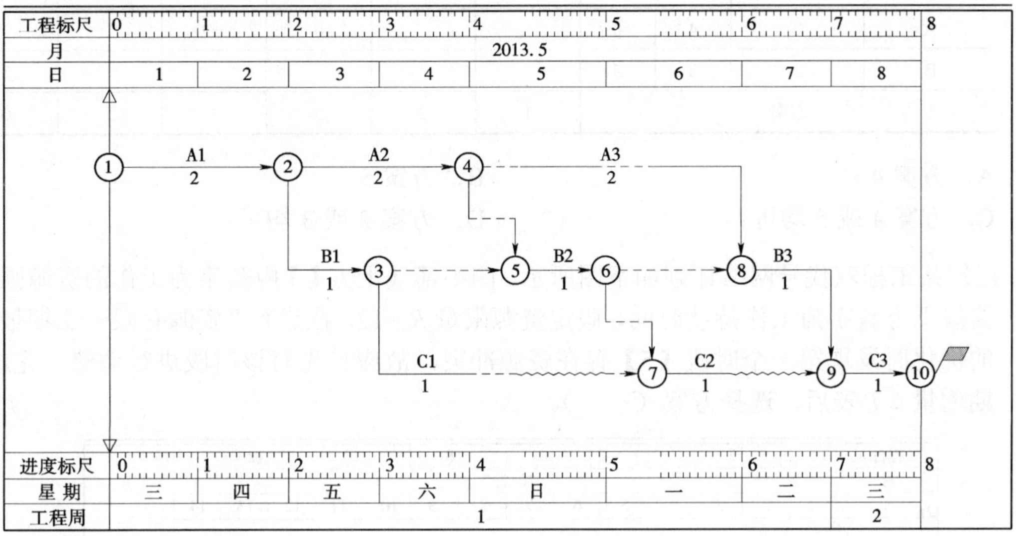

A．施工过程数较少

B．施工段数较少

C．工作 C1、C2 施工速度快，导致施工不连续

D．都不是

282．已知某工程双代号网络计划如下图所示，图中箭线上方【】内数字为工作的资源强度，箭线下方数字为工作持续时间，假定资源限量 R_a=12，请进行“资源有限—工期最短”的优化。计算网络计划每个时间单位的资源需用量，绘出资源需用量分布曲线，经检查发现第一个时段[1，3]存在资源冲突，即资源需用量超过资源限量，故应首先对该时段进行调整。工期增量 Δ*T* 见下表，则宜选择方案（　　）。

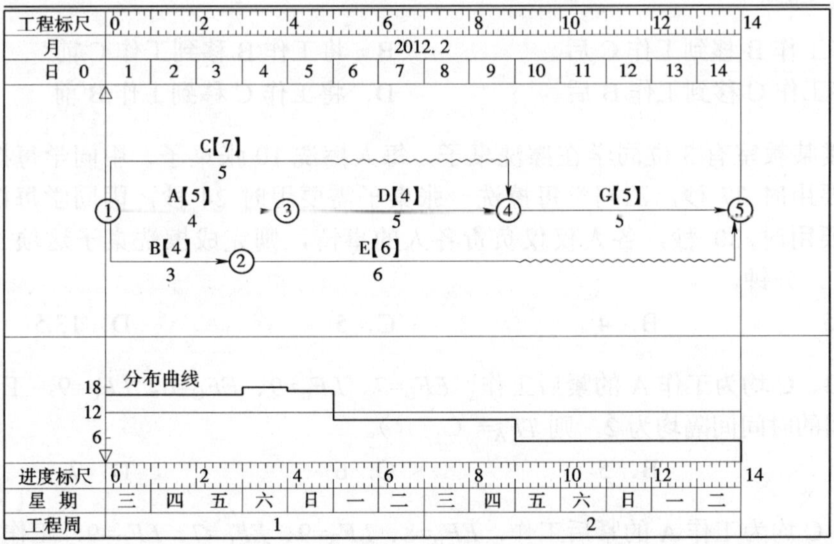

在时段[1，3]中计算的 ΔT 值

工作名称	工作序号	EF	LS	$\Delta T_{1,2}$	$\Delta T_{1,3}$	$\Delta T_{2,1}$	$\Delta T_{2,3}$	$\Delta T_{3,1}$	$\Delta T_{3,2}$
C	1	5	4	5	0				
A	2	4	0			0	−1		
B	3	3	5					−1	3
方案				1	2	3	4	5	6

A．方案 4　　B．方案 5

C．方案 4 或 5 均可　　D．方案 2 或 3 均可

283．已知某工程双代号网络计划如下图所示，图中箭线上方【】内数字为工作的资源强度，箭线下方数字为工作持续时间，假定资源限量 R_a=12，在进行“资源有限—工期最短”的优化时发现第一个时段【5】存在资源冲突，故应首先对该时段进行调整。完成工期增量 ΔT 表后，选择方案（　　）。

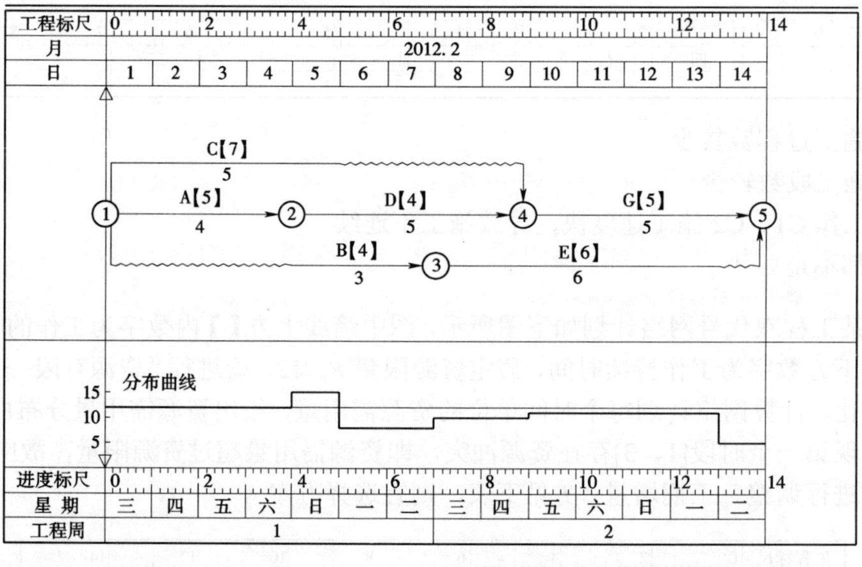

A．将工作 B 移到工作 C 后　　B．将工作 B 移到工作 C 前

C．将工作 C 移到工作 B 后　　D．将工作 C 移到工作 B 前

284．土木楼某教室有 3 位同学在擦洗桌子，每人擦洗 10 张桌子，甲同学每擦洗一张桌子需要用时 27 秒，乙同学每擦洗一张桌子需要用时 24 秒，丙同学每擦洗一张桌子需要用时 30 秒，各人仅仅负责各人的事情，则完成擦洗桌子这项工作需经历（　　）分钟。

A．4.5　　B．4　　C．5　　D．13.5

285．工作 B、C 均为工作 A 的紧后工作，EF_B=7、LF_B=9、EF_C=6、LF_C=9，工作 A 与 B、C 之间的时间间隔均为 2，则 TF_A=（　　）。

A．4　　B．5　　C．6　　D．7

286．作 B、C 均为工作 A 的紧后工作，EF_B=8、LF_B=9、EF_C=7、LF_C=9，工作 A 与 B、C

之间的时间间隔分别为 5 和 6，则 TF_A=（　　）。

A．5　　B．6　　C．7　　D．8

287．工作 B、C 均为工作 A 的紧后工作，ES_B=4、LS_B=5、ES_C=2、LS_C=4，工作 A 与 B、C 之间的时间间隔分别为 3 和 1，则 LF_A=（　　）。

A．1　　B．2　　C．3　　D．4

288．关于网络计划图绘制规则，说法错误的是（　　）。

A．双代号网络图中的虚箭线少，严禁交叉，否则容易引起混乱

B．双代号网络图中严禁出现循环回路，否则容易造成逻辑关系混乱

C．双代号时标网络计划中的虚工作可用波形线表示自由时差

D．单代号搭接网络图中相邻两工作的搭接关系可表示在箭线上方

289．工作 A、B 为两相邻工作，其持续时间分别为 4 和 5，ES_A=2，FTF=4，则 ES_B=（　　）。

A．2　　B．3　　C．5　　D．6

290．工作的时间参数与节点的时间参数之间的关系为（　　）。

A．$ES_{i\text{-}j}=ET_i$　　B．$EF_{i\text{-}j}=ET_i$　　C．$ES_{i\text{-}j}=ET_j$　　D．$EF_{i\text{-}j}=ET_j$

291．下述工作的时间参数与节点的时间参数，关系正确的为（　　）。

A．$LS_{i\text{-}j}=LT_i$　　B．$LF_{i\text{-}j}=LT_i$　　C．$LS_{i\text{-}j}=LT_j$　　D．$LF_{i\text{-}j}=LT_j$

292．若某工作为关键工作，则下述关系中，正确的为（　　）。

A．$LS_{i\text{-}j}=\mathrm{LT}_i$　　B．$LS_{i\text{-}j}=LT_j$　　C．$ES_{i\text{-}j}=LT_j$　　D．$LS_{i\text{-}j}=ET_i$

293．若某工作的总时差为 0，则下述关系中，正确的为（　　）。

A．$LF_{i\text{-}j}=LT_i$　　B．$LS_{i\text{-}j}=LT_j$　　C．$EF_{i\text{-}j}=LT_j$　　D．$LS_{i\text{-}j}=LT_i$

294．若某工作为关键工作，则下述关系中，不正确的为（　　）。

A．$LF_{i\text{-}j}=LT_i$　　B．$LF_{i\text{-}j}=LT_j$　　C．$EF_{i\text{-}j}=LT_j$　　D．$LS_{i\text{-}j}=ET_i$

295．若 i—j 工作的自由时差、总时差均为 0，持续时间为 2，则下述关系中，正确的为（　　）。

A．若 $LF_{i\text{-}j}$=3 则 LT_i=4　　B．$LS_{i\text{-}j}=LT_j$

C．$EF_{i\text{-}j}=LT_j$　　D．$LS_{i\text{-}j}=LT_i$

296．网络计划技术是一种编制计划的方法，但不能依据网络计划进行施工管理。此说法（　　）。

A．正确　　B．不正确

297．在网络计划图中关键线路只能有一条。此说法（　　）。

A．正确　　B．不正确

298．在网络计划中为了实现重点管理，一般不希望有太多条的关键线路。此说法（　　）。

A．正确　　B．不正确

299．在网络计划中关键工作的持续时间最长。此说法（　　）。

A．正确　　　　　　　　　　　　　　　　B．不正确

300．在网络计划中关键线路的长度就是网络计划的总工期。此说法（　　）。
A．正确　　　　　　　　　　　　　　　　B．不正确

301．若网络图中某条线路为关键线路，则这条线路上的工作为关键工作。此说法（　　）。
A．正确　　　　　　　　　　　　　　　　B．不正确

302．单代号网络有多项开始工作时，一般增设一项虚拟开始工作。此说法（　　）。
A．正确　　　　　　　　　　　　　　　　B．不正确

303．在网络图中可以进行时间参数计算，进行网络计划的优化。此说法（　　）。
A．正确　　　　　　　　　　　　　　　　B．不正确

304．在网络计划中允许出现循环回路。此说法（　　）。
A．正确　　　　　　　　　　　　　　　　B．不正确

305．在网络计划中可以出现一个以上的起始节点。此说法（　　）。
A．正确　　　　　　　　　　　　　　　　B．不正确

306．在网络计划中可以有一个以上终点节点。此说法（　　）。
A．正确　　　　　　　　　　　　　　　　B．不正确

307．双代号时标网络图中，严禁出现无箭头和双向箭头的连线。此说法（　　）。
A．正确　　　　　　　　　　　　　　　　B．不正确

308．双代号网络图中不允许出现箭线交叉。此说法（　　）。
A．正确　　　　　　　　　　　　　　　　B．不正确

309．双代号网络图中，可以允许出现反向箭头。此说法（　　）。
A．正确　　　　　　　　　　　　　　　　B．不正确

310．网络图的主方向是从起点节点到终点节点的方向，绘制时应尽量做到横平竖直。此说法（　　）。
A．正确　　　　　　　　　　　　　　　　B．不正确

311．网络图中虚箭线应该不能少用。此说法（　　）。
A．正确　　　　　　　　　　　　　　　　B．不正确

312．绘制网络图时，应尽量避免箭线交叉。如有箭线交叉可采用过桥法处理。此说法（　　）。
A．正确　　　　　　　　　　　　　　　　B．不正确

313．当某一节点与4个或以上内向或外向箭线相连时应采用母线法绘制。此说法（　　）。
A．正确　　　　　　　　　　　　　　　　B．不正确

314．在工作的逻辑关系中工作工艺关系一般是可变的。此说法（　　）。
A．正确　　　　　　　　　　　　　　　　B．不正确

315．在工作的逻辑关系中工作的组织关系是由客观规律决定的，一般是不变的。此说法（　　）。

A．正确　　　　B．不正确

316．网络图中的逻辑关系就是指工作的先后顺序。此说法（　　）。

A．正确　　　　B．不正确

317．在网络计划中关键线路一般是一成不变的，不会转化成非关键线路。此说法（　　）。

A．正确　　　　B．不正确

318．在网络计划中，根据时间参数得到的工期是计划工期。此说法（　　）。

A．正确　　　　B．不正确

319．在网络计划中，根据计算工期和要求工期所确定的实施目的的工期是计划工期。此说法（　　）。

A．正确　　　　B．不正确

320．虚工作不消耗时间但消耗资源。此说法（　　）。

A．正确　　　　B．不正确

321．在双代号网络图中，虚箭杆只具有断路与联系作用。此说法（　　）。

A．正确　　　　B．不正确

322．在双代号时标网络中，波形线表示工作与紧后工作的时间间隔。此说法（　　）。

A．正确　　　　B．不正确

323．在双代号时标网络图中波形线表示自由时差。此说法（　　）。

A．正确　　　　B．不正确

324．在单代号网络图中节点表工作间的逻辑关系。此说法（　　）。

A．正确　　　　B．不正确

325．在单代号网络图中箭线表示工作进行的方向。此说法（　　）。

A．正确　　　　B．不正确

326．总时差具有双重性，既为本工作所有，又属于整条线路。此说法（　　）。

A．正确　　　　B．不正确

327．总时差一般是大于等于零。此说法（　　）。

A．正确　　　　B．不正确

328．在工期优化中，当出现多条关键线路时，必须将各条关键线路的持续时间压缩同一值。此说法（　）。

A．正确　　　　B．不正确

329．在工期优化时，关键工作可能被压缩成非关键工作，而非关键工作则变为关键工作。

此说法（　　）。

A．正确　　　　　　　　　　　　　　B．不正确

330．工期—费用优化，主要是要找到直接费最低时所对应的工期。此说法（　　）。

A．正确　　　　　　　　　　　　　　B．不正确

331．在单代号网络图中，表达逻辑关系时可用虚箭线。此说法（　　）。

A．正确　　　　　　　　　　　　　　B．不正确

332．只有通过网络图的时间参数计算才能确定关键线路。此说法（　　）。

A．正确　　　　　　　　　　　　　　B．不正确

333．用双代号网络可以表达搭接关系。此说法（　　）。

A．正确　　　　　　　　　　　　　　B．不正确

334．在双代号时标网络计划图中，用波形线将实线部分与其紧后工作的开始节点连起来，用以表示工作（　　）。

A．总时差　　　B．自由时差　　　C．虚工作　　　D．时间间隔

335．已知相邻两工作 A、B，A 工作时间为 4 天，最早开始时间为 2 天，B 工作时间为 5 天，且 STF_{A-B}＝8 天，则 B 工作最早开始时间为（　　）。

A．6 天　　　B．5 天　　　C．2 天　　　D．1 天

336．在双代号时标网络计划中，不能从图上直接识别的非关键工作的时间参数是（　　）。

A．最早开始时间　　　　　　　　　　B．最早完成时间

C．自由时差　　　　　　　　　　　　D．总时差

337．为缩短总工期，应该采取措施缩短双代号网络计划中（　　）。

A．总时差最大的项目的持续时间

B．自由时差为零的项目的持续时间

C．某关键线路上的关键项目的持续时间

D．所有关键线路的持续时间

338．某工程网络计划中，工作 M 的总时差为 5 天，自由时差为 3 天。在计划执行情况的检查中，发现只有工作 M 的实际进度拖后了 4 天，则关于工作 M 实际进度的说法，正确的是（　　）。

A．使总工期拖后 1 天，使后续工作最早开始时间拖后 1 天

B．不影响总工期，也不影响后续工作的正常进行

C．使总工期拖后 1 天，但不影响后续工作的正常进行

D．不影响总工期，但使后续工作最早开始时间拖后 1 天

339．某项工作的 $ES_{i\text{-}j}$ 为 8，$LF_{i\text{-}j}$ 为 12，$D_{i\text{-}j}$ 为 3，该项工作时间参数为 1 的应为（　　）。

A．$EF_{i\text{-}j}$　　　B．$LS_{i\text{-}j}$　　　C．$TF_{i\text{-}j}$　　　D．$FF_{i\text{-}j}$

340．网络计划技术的基础与核心是（　　）。

A．关键线路法　　B．工作分解结构法
C．计划评审技术　　D．净值法

341．时间可标注在时标计划表的位置为（　　）。
A．顶部　　B．底部　　C．中间　　D．顶部或底部

342．网络计划的基本模型是（　　）。
A．网络图　　B．甘特图　　C．横道图　　D．面条图

343．网络图中的箭线可以画成直线、折线或斜线。此说法（　　）。
A．正确　　B．错误

344．单代号网络图严禁出现箭线交叉，否则容易引起混乱。此说法（　　）。
A．正确　　B．错误

345．单代号网络图与双代号网络图并无本质区别，只是表达方式不同。此说法（　　）。
A．正确　　B．错误

346．计算网络计划时间参数的目的主要是确定总工期，做到工程进度心中有数。此说法（　　）。
A．正确　　B．错误

347．在网络计划中当某项工作使用了全部或部分总时差时，则将引起通过该工作的线路上所有工作总时差重新分配。此说法（　　）。
A．正确　　B．错误

348．由关键工作组成的线路必为关键线路。此说法（　　）。
A．正确　　B．错误

349．若将网络计划中某关键工作的持续时间压缩 Δ，则工期相应缩短 Δ。此说法（　　）。
A．正确　　B．错误

350．网络计划中非关键工作的自由时差一定不为零。此说法（　　）。
A．正确　　B．错误

351．关键线路上相邻两项工作之间的时间间隔必为零。此说法（　　）。
A．正确　　B．错误

352．在网络计划执行过程中，如某关键工作的完成时间推迟 3 天，工程总工期也推迟 3 天。此说法（　　）。
A．正确　　B．不正确

353．两关键节点之间的工作不一定是关键工作。此说法（　　）。
A．正确　　B．错误

354．拟定主要工程项目施工方案中的施工方法时，要求考虑各工种各施工段的合理搭接。

此说法（　　）。

A．正确　　　　B．错误

355．采用横道图表达施工进度计划清晰、直观，便于资源统计；采用网络图表达施工进度计划逻辑关系明确，且便于进行调整、优化、统计资源数量。此说法（　　。）

A．错误　　　　B．正确

356．采用网络图表达施工进度计划，便于对进度计划进行调整、优化、统计资源数量。此说法（　　）。

A．正确　　　　B．错误

357．在双代号网络计划中，虚工作的作用是（　　）。

A．正确表达两工作的间隔时间　　　　B．正确表达相关工作的持续时间

C．正确表达相关工作的自由时差　　　　D．正确表达相关工作的逻辑关系

358．自由时差是不影响（　　）的机动时间。

A．紧前工作最早开始时间　　　　B．紧前工作最迟开始时间

C．紧后工作最早开始时间　　　　D．紧后工作最迟开始时间

359．网络计划中一项工作的自由时差和总时差的关系是（　　）。

A．自由时差等于总时差　　　　B．自由时差大于总时差

C．自由时差小于总时差　　　　D．自由时差不超过总时差

360．当计划工期等于计算工期时，以关键节点为完成节点的工作（　　）。

A．总时差等于自由时差　　　　B．最早开始时间等于最迟开始时间

C．一定是关键工作　　　　D．自由时差为零

361．当网络计划的计划工期等于计算工期时，则关键线路上（　　）不为零。

A．工作自由时差　　　　B．工作总时差

C．相邻两项工作之间的时间间隔　　　　D．工作的持续时间

362．当网络计划的计划工期等于计算工期时，则关键线路上（　　）定为零。

A．工作的开始时间　　　　B．工作的结束时间

C．工作可压缩时间　　　　D．工作的持续时间

363．在网络计划中，关键线路上相邻两工作间的时间间隔为零。此说法（　　）。

A．正确　　　　B．错误

364．在时标网络计划中，波形线表示工作与其紧后工作之间的时间间隔。此说法（　　）。

A．正确　　　　B．错误

365．在网络计划中，若工作的总时差不为零，其自由时差也不为零。此说法（　　）。

A．正确　　　　B．错误

366．在网络计划中，任何一项工作的完成时间的拖延，都会导致工期的延期。此说法（　　）。

A．正确　　　　　　　　　　　　　　B．错误

367．网络计划的缺点是（　　）。

A．很难反应工作间的相互关系　　　　B．难于反应流水作业的情况

C．很难反应关系工作

368．下列对双代号网络图绘制规则的描述不正确的是（　　）。

A．不允许出现循环回路　　　　　　　B．节点之间可以出现带双箭头的连线

C．不允许出现箭头或箭尾无节点的箭线

369．关键线路是决定网络计划工期的线路，与非关键线路的关系是（　　）。

A．关键线路是不变的　　　　　　　　B．关键线路可变成非关键线路

C．非关键线路不可能成为关键线路

370．由施工操作所决定的各个工作之间存在的先后施工顺序称（　　）。

A．工艺关系　　B．组织关系　　C．搭接关系

371．自由时差是指各项工作在不影响紧后工作（　　）的条件下所具有的机动时间。

A．最迟开始时间　B．最早开始时间　C．最迟完成时间

372．总时差是各项工作在不影响工程（　　）的前提下所具有的机动时间。

A．最迟开始时间　B．最早开始时间　C．总工期

373．单代号网络图在绘图上弥补了双代号网络图的不足体现在（　　）。

A．允许多个开始节点　　　　　　　　B．允许循环线路

C．无虚箭线

374．时间坐标网络计划的绘制方法宜按（　　）绘制。

A．最早时间　　B．最迟时间　　C．最终时间

375．在既定约束条件下，按某一目标对网络计划的最初方案不断改进而得到最佳计划的工作称为（　　）。

A．网络计划的优化　　　　　　　　　B．网络计划的调整

C．网络计划的检查

376．网络计划工期优化的目的在于（　　）。

A．延长工期　　B．缩短工期　　C．满足工期

377．通过不同工期及相应工程费用的比较，寻求与工程费用最低相应工期的过程为（　　）。

A．工期优化　　B．费用优化　　C．资源优化

378．资源优化的方法是通过改变工作的（　　），使资源按时间的分布符合目标。

A．开始时间　　B．结束时间　　C．持续时间

379．双代号时标网络计划特点不包括（　　）。

A．箭杆的长短与时间有关　　　　　　B．可直接在图上看出时间参数

C．不会产生闭合回路　　　　　　　D．修改方便

380．（　　）不是双代号时标网络计划的特点。

A．箭杆的长短与时间有关　　　　　B．可直接在图上看出时间参数

C．不会产生闭合回路　　　　　　　D．不能绘制资源动态图

381．双代号网络图时间参数计算的目的不包含（　　）。

A．确定关键线路　B．便于优化　　C．确定工期　　D．计算时差

382．双代号网络图时间参数计算的目的有（　　）。

A．便于优化　　B．确定时差　　C．便于调整

383．在双代号时标网络计划图中，用波形线将实线部分与其紧后工作的开始节点连起来，用以表示工作（　　）。

A．总时差　　B．自由时差　　C．虚工作　　D．时间间隔

384．已知相邻两工作 A、B，A 工作时间为 4 天，最早开始时间为 2 天，B 工作时间 5 天，且 $STF_{A\text{-}B}$＝10 天，则 B 工作最早开始时间为（　　）。

A．6 天　　B．5 天　　C．2 天　　D．1 天

385．双代号时标网络计划中，不能从图上直接识别的非关键工作的时间参数是（　　）。

A．最早开始时间　　　　　　B．最早完成时间

C．自由时差　　　　　　　　D．总时差

386．E 工作的紧后工作 G 的最迟完成时间为第 14 天，持续时间为 3 天，总时差为 2 天。E 工作的最早开始时间为第 6 天，持续时间为 1 天，则 E 工作的自由时差为（　　）天。

A．1　　B．2　　C．3　　D．4

387．关于双代号时标网络计划，下述说法中不正确的是（　　）。

A．自终点至起点不出现波形线的线路是关键线路

B．双代号时标网络计划中表示虚工作的箭线有可能出现波形线

C．每条箭线的末端（箭头）所对应的时标就是该工作的最迟完成时间

D．每条实箭线的箭尾所对应的时标就是该工作的最早开始时间

388．双代号时标网络的特点不包括（　　）。

A．可以直接用箭线长短直接表示总时差和自由时差

B．关键线路在图上一目了然

C．避免出现循环回路等逻辑错误

D．适用于作业性网络计划

389．为缩短总工期，应该采取措施缩短双代号网络计划中（　　）。

A．总时差最大的项目的持续时间

B．自由时差为零的项目的持续时间

C．某关键线路上的关键项目的持续时间

D．所有关键线路的持续时间

390．若非关键工作 G 的持续时间拖延 Δ，且大于其总时差 TF 时，则网络计划总工期将（　　）。

A．拖延 Δ　　B．拖延 $\Delta+TF$　　C．拖延 $\Delta-TF$　　D．拖延 $TF-\Delta$

391．已知某工作 A 的紧后工作是 B 和 C。B 工作的最迟开始时间为 14 天，最早开始时间为 10 天，C 工作最迟完成时间为 16 天，最早完成时间为 14 天，A 工作自由时差为 5 天。则 A 工作的总时差为（　　）天。

A．0　　B．5　　C．7　　D．9

392．已知 E 工作的紧后工作为 F 和 G。F 工作的最迟完成时间为 16 天，持续时间为 3 天，G 工作的最迟完成时间为 20 天，持续时间是 5 天。E 工作的持续时间 4 天，则 E 工作的最迟开始时间为（　　）。

A．9　　B．11　　C．13　　D．15

393．双代号时标网络计划中，不能从图上直接识别非关键工作的时间参数是（　　）。

A．最早开始时间　　B．最早完成时间

C．自由时差　　D．总时差

394．对于按计算工期绘制的双代号时标网络图，下列说法中错误的是（　　）。

A．除网络起点外，每个节点的时标都是一个工作的最早完工时间

B．除网络终点外，每个节点的时标都是一个工作的最早开工时间

C．总时差不为零的工作，箭线在时标轴上的水平投影长度不等于该工作持续时间

D．波形箭线指向的节点部只是一个箭头的节点

395．双代号网络图绘制、参数计算以及计划调整工作，正确的说法是（　　）。

A．施工过程中混凝土养护可以用虚工作表示

B．关键线路长度无法调整

C．工作的自由时差为零，总时差必为零

D．一项工作的总时差包含着其唯一紧后工作的总时差

396．为缩短总工期，应该采取措施缩短双代号网络计划中（　　）。

A．总时差最大的项目的持续时间

B．自由时差为零的项目的持续时间

C．某关键线路上的关键项目的持续时间

D．所有关键线路的持续时间

397．以下对双代号网络图的关键线路的确定，不正确的是（　　）。

A．所有线路中线路上各项工作持续时间之和最小的线路

B．线路上各项工作的总时差均为零的线路

C．线路上各项工作的自由时差均为零的线路

D．线路上各项工作的持续时间均不可压缩的线路

398．当关键线路的实际速度比计划进度拖后时，应在尚未完成的关键工种中，选择（　）的工作，压缩其作业持续时间。

A．资源强度小或费用低　　B．资源强度小且持续时间短

C．资源强度大或持续时间短　　D．资源强度大且费用高

399．某项工作的 $ES_{i\text{-}j}$ 为 8，$LF_{i\text{-}j}$ 为 12，$D_{i\text{-}j}$ 为 3，该项工作时间参数为 1 的应为（　　）。

A．$LS_{i\text{-}j}$　B．$EF_{i\text{-}j}$　C．$TF_{i\text{-}j}$　D．$FF_{i\text{-}j}$

400．在双代号时标网络计划中，不能从图上直接识别的参数为（　　）。

A．计算工期　B．持续时间　C．自由时差　D．总时差

401．CMP，又称（　　），是一种计划管理方法。它是通过分析项目过程中哪个活动序列进度安排的总时差最少来预测项目工期的网络分析。

A．关键线路法　　B．工作分解结构法

C．计划评审技术　　D．净值法

402．项目管理中由节点与箭线构成，用来表示工作流程的有序有向网状图形为（　　）。

A．甘特图　B．横道图　C．面条图　D．网络图

403．双代号网络计划中，（　　）。

A．关键工作是指网络计划中总时差最长的工作

B．关键工作是指网络计划中总时差最小的工作

C．关键工作是指网络计划中持续时间最小的工作

D．关键工作是指网络计划中持续时间最长的工作

404．在双代号时标网络图中，工作以（　　）表示。

A．虚线　B．点划线　C．粗实线　D．实箭线

405．下列说法正确的是（　　）。

A．双代号网络图中可以有多个起点节点，但只能有一个终点节点

B．双代号网络图中只能有一个起点节点，但可以有多个终点节点

C．双代号网络图中可以有多个起点节点，也可以有多个终点节点

D．双代号网络图中只能有一个起点节点，也只能有一个终点节点

406．下列说法正确的是（　　）。

A．关键工作是指网络计划中总时差最小的工作

B．关键工作是指网络计划中总时差最长的工作

C．关键线路是指自始至终全部由关键工作组成的线路，或线路上总的工作持续时间最短的线路

D．关键线路是指自始至终不全部由关键工作组成的线路，或线路上总的工作持续时间最短的线路

407．时间可标注在时标计划表的位置为（　　）。

A．顶部　　B．底部　　C．中间　　D．顶部与底部

408．网络计划技术应用的基础是（　　）。

A．网络图　　B．甘特图　　C．横道图　　D．面条图

409．下列关于箭线的说法正确的是（　　）。

A．一条箭线与其两端的节点表示一项工作

B．箭线指示的方向表示工作进行的方向

C．箭头表示一项工作的开始

D．一条箭线不能表示工作的全部内容

410．下列关于网络图节点编号的说法正确的是（　　）。

A．水平编号法从起点节点开始由下到上，由左到右逐行标号

B．水平编号法从起点节点开始由下到上，由右到左逐行标号

C．垂直编号法从起点节点开始由下到上，由右到左逐行标号

D．水平编号法从起点节点开始由下到上，由左到右逐行标号

411．在双代号网络计划中的关键线路和非关键线路是（　　）。

A．永恒不变的　　B．可以直接互相转化

C．有时变化，有时不变化　　D．在一定条件下可以互相转化

412．下列（　　）是双代号网络图的基本要素。

A．箭线、节点、线路　　B．箭线、虚工作、节点

C．箭线、箭线、节点　　D．箭线、节点、时差

413．在网络计划中，关键工作的总时差的值为（　　）。

A．零　　B．最小　　C．不定数　　D．最大

414．网络计划工期优化的目的是缩短（　　）。

A．合同工期　　B．计划工期　　C．要求工期　　D．计算工期

415．在双代号网络计划中，若同时存在多条关键线路，那么这些关键线路的关键工作的持续时间之和的大小为（　　）。

A．一般不同　　B．肯定不同　　C．不一定　　D．相同

416．网络图中的起点节点（　　）。

A．只有内向箭线　　B．只有外向箭线

C．既有内向箭线，又有外向箭线

417．网络图中的终点节点（　　）。

A．只有内向箭线　　B．只有外向箭线

C．既有内向箭线，又有外向箭线

418．网络计划的关键线路（　　）。
A．只有一条　　B．不会超过五条　　C．可能有多条

419．关于关键线路和非关键线路的说法正确的是（　　）。
A．关键线路是不变的　　B．关键线路可变成非关键线路
C．非关键线路不可能成为关键线路

420．客观上存在的、工作之间的逻辑关系称为（　　）。
A．工艺关系　　B．组织关系　　C．搭接关系

421．在没有规定的情况下，双代号网络计划终点节点的最迟结束时间是（　　）。
A．该节点最早时间　　B．该节点最后时间
C．计划工期

422．工作最早开始时间和最早完成时间的计算应（　　）。
A．由网络开始节点计算　　B．由网络终点节点计算
C．网络指定节点计算

423．当工作具有多个紧前和紧后工作时，该工作的最迟完成时间应为（　　）。
A．所有紧前工作最早完成时间的最大值
B．所有紧后工作最迟开始时间的最大值
C．所有紧后工作最迟开始时间的最小值

424．对单代号网络图编号说法正确的是（　　）。
A．编号可不必标注在节点内
B．号码可重复、可间断
C．一项工作必须有唯一的节点和相应的编号

425．从绘图的角度来说，单代号网络图较双代号网络图具有的优点在于（　　）。
A．允许多个开始节点　　B．允许循环线路
C．无虚箭线

426．时标网络图宜按（　　）绘制。
A．最早时间　　B．最迟时间　　C．最终时间

427．网络计划技术应用的第三个层次是（　　）。
A．网络计划的优化　　B．网络计划的调整
C．网络计划的检查

428．网络计划工期优化的常见现象是（　　）。
A．延长工期　　B．缩短工期

429．通过压缩直接费率小于间接费率的关键工作的持续时间可以实现（　　）。
A．工期优化　　B．费用优化　　C．资源优化

430．工期固定—资源均衡的优化是通过改变工作的（　　）实现的。

A．开始时间　　B．结束时间　　C．持续时间

431．时标网络计划中，关键线路可用（　　）表示。

A．虚箭线　　B．实箭线　　C．双箭线　　D．波形线

432．在工程施工过程中，监理工程师检查实际进度时发现工作 M 的总时差由原计划的 5 天变为－2 天，这说明工作 M 的实际进度（　　）。

A．拖后 2 天，影响工期 2 天　　B．拖后 5 天，影响工期 2 天
C．拖后 7 天，影响工期 2 天　　D．拖后 7 天，影响工期 7 天

433．工作 D 有三项紧前工作 A、B、C，其持续时间分别为 A=3、B=7、C=5，其最早开始时间分别为 A=4、B=5、C=6，C 工作的自由时差为（　　）。

A．0　　B．5　　C．1　　D．3

434．在工程网络计划中，如果某工作的自由时差刚好被全部利用时，则会影响（　　）。

A．本工作最早完成时间　　B．其平行工作的最早完成时间
C．其紧后工作的最早完成时间　　D．其后续工作的最早完成时间

435．双代号网络图由箭线、（　　）、路线三个基本要素组成。

A．圆圈　　B．数字　　C．节点　　D．字母代号

436．总时差为 *TF*，自由时差为 *FF*，则（　　）成立。

A．$TF<FF$　　B．$TF=FF$　　C．$TF>FF$　　D．$TF\geqslant FF$

437．承包单位施工网络计划的计划工期必须满足（　　）的要求。

A．计算工期
B．合同中规定的工期
C．终点节点的最早时间
D．早时标网络图中关键线路各工作的持续时间

438．已知工程网络计划中某工作的自由时差为 3 天，总时差为 6 天。监理工程师在检查进度时发现只有该工作实际进度拖延，且影响工期 2 天，则该工作实际进度比计划进度拖延（　　）天。

A．8　　B．6　　C．5　　D．3

439．单代号网络图和双代号网络图一样严禁出现箭线交叉，否则容易引起混乱。此说法（　　）。

A．正确　　B．错误

440．除表达方式不同外，单、双代号网络图并无本质区别。此说法（　　）。

A．正确　　B．错误

441．计算网络计划时间参数的目的主要是确定工作的开始、结束时间，做到工程进度心中有数。此说法（　　）。

A．正确　　　　　　　　　　　　B．错误

442．在网络计划中，工作的总时差可为本工作所用，但不一定可为通过该工作的线路上的紧后工作乃至后续工作所用。此说法（　　）。

A．正确　　　　　　　　　　　　B．错误

443．由关键节点形成的工作必为关键工作。此说法（　　）。

A．正确　　　　　　　　　　　　B．错误

444．关键线路是该网络计划中最长的线路，一个网络计划只有一条关键线路。此说法（　　）。

A．正确　　　　　　　　　　　　B．错误

445．时标网络计划的特点是可直接在网络图上看出各项工作的开始和结束时间。此说法（　　）。

A．正确　　　　　　　　　　　　B．错误

446．网络计划的工期优化，就是通过压缩网络中全部工作的持续时间，以达到缩短工期的目的。此说法（　　）。

A．正确　　　　　　　　　　　　B．错误

447．在网络计划执行过程中，关键工作的拖延将导致计划总工期不能实现，这时候对网络计划调整的方法只能是缩短某些工作的持续时间。此说法（　　）。

A．正确　　　　　　　　　　　　B．错误

448．双代号网络图组成要素中，把消耗时间、不消耗资源的工序，称作“虚工序”。此说法（　　）。

A．正确　　　　　　　　　　　　B．错误

449．网络计划工期优化的方法之一是将各项工作持续时间压缩。此说法（　　）。

A．正确　　　　　　　　　　　　B．错误

450．有时间坐标的网络图既适用于双代号网络，也可用于单代号网络。此说法（　　）。

A．正确　　　　　　　　　　　　B．错误

451．关键线路上的工作都是关键工作，非关键线路上的工作都是非关键工作。此说法（　　）。

A．正确　　　　　　　　　　　　B．错误

452．若工作的进度偏差小于自由时差，说明此对后续工作无影响，原计划可不作调整。此说法（　　）。

A．正确　　　　　　　　　　　　B．错误

453．若工作的进度偏差大于自由时差，说明此对后续工作有影响，原计划必须全部调整。此说法（　　）。

A. 正确　　　　　　　　　　　　　　B. 错误

454. 网络计划的工期优化，就是通过压缩某些关键工作的持续时间，以达到缩短工期的目的。此说法（　　）。

A. 正确　　　　　　　　　　　　　　B. 错误

455. 网络计划的工期优化，就是通过压缩网络中全部工作的持续时间，以达到缩短工期的目的。此说法（　　）。

A. 正确　　　　　　　　　　　　　　B. 错误

456. 网络计划工期调整的方法，就是缩短某些工作的持续时间。此说法（　　）。

A. 正确　　　　　　　　　　　　　　B. 错误

457. 网络计划中某项工作总时差为零，则自由时差必为零。此说法（　　）。

A. 正确　　　　　　　　　　　　　　B. 错误

458. 网络计划中关键工作的总时差必为零。此说法（　　）。

A. 正确　　　　　　　　　　　　　　B. 错误

459. 关键工作进度落后必定影响工期。此说法（　　）。

A. 正确　　　　　　　　　　　　　　B. 错误

460. 网络计划任何工作实际进度比计划进度落后必定影响工期。此说法（　　）。

A. 正确　　　　　　　　　　　　　　B. 错误

461. 搭接网络图既适用于双代号网络，也可用于单代号网络。此说法（　　）。

A. 正确　　　　　　　　　　　　　　B. 错误

462. 若工作的进度落后，但其偏差不大于自由时差，原计划可不作调整。此说法（　　）。

A. 正确　　　　　　　　　　　　　　B. 错误

463. 若工作的进度落后，其偏差大于自由时差，原计划必须全部调整。此说法（　　）。

A. 正确　　　　　　　　　　　　　　B. 错误

464. 有时间坐标网络图中的波形线起连接作用，其长度则可根据需要任意画。此说法（　　）。

A. 正确　　　　　　　　　　　　　　B. 错误

465. 双代号网络中既有外向箭线又有内向箭线段的节点是（　　）。

A. 起始节点　　B. 结束节点　　C. 中间节点　　D. 任意节点

466. 双代号网络中只有外向箭线无内向箭线段的节点是（　　）。

A. 起始节点　　B. 结束节点　　C. 中间节点　　D. 任意节点

467. 双代号网络中只有内向箭线无外向箭线段的节点是（　　）。

A. 起始节点　　B. 结束节点　　C. 中间节点　　D. 任意节点

468. 下列哪一项不是双代号网络图的基本要素？（　　）

A. 工作　　B. 节点　　C. 空间　　D. 线路

469. 网络图中由节点代表一项工作的表达方式称（　　）。

A. 单目标网络图　　B. 双代号网络图

C. 多目标网络图　　D. 单代号网络图

470. 一个双代号网络图中，应该是（　　）。

A. 一个起点节点和一个终点节点　　B. 一个起点节点和两个终点节点

C. 两个起点节点和一个终点节点　　D. 若干个起点节点和若干个终点节点

471. 进行高层建筑工程施工时，绘制网络计划图应（　　）。

A. 按施工段排列　　B. 按楼层排列

C. 按工种排列　　D. 按专业队排列

472. 双代号网络计划中，用紧后工作的最早开始时间减去本工作的最早完成时间，可以得出本工作的（　　）。

A. 持续时间　　B. 间隔时间　　C. 自由时差　　D. 总时差

473. 不允许中断工作资源优化，资源分配的原则是（　　）。

A. 按时差从大到小分配资源　　B. 非关键工作优先分配资源

C. 关键工作优先分配资源　　D. 按工作每日需要资源量大小分配资源

474. 下列（　　）不是工期固定、资源消耗均衡的优化方法。

A. 方差值最小法　　B. 最小二乘法

C. 极差值最小法　　D. 削高峰法

475. 单代号网络图中，若 *n* 项工作同时开始时，应虚设（　　）。

A. 一个原始节点　　B. 多个原始节点

C. 虚设一个开始工作　　D. 虚设两个开始工作

476. 单代号网络计算总时差的过程是（　　）。

A. 自开始节点顺箭杆方向至结束节点

B. 自结束节点逆箭杆方向至开始节点

C. 工作时间→节点时间→计算总时差

D. 节点时间→工作时间→计算总时差

477. 单代号网络图的网络参数计算顺序是（　　）。

A. ES_i、EF_i→$LAG_{i\text{-}j}$→FF_i→TF_i　　B. ES_j、EF_j→$LAG_{i\text{-}j}$→FF_i→TF_i

C. ES_i、EF_i→FF_i→$LAG_{i\text{-}j}$→TF_i　　D. ES_j、EF_j→FF_i→TF_i→$LAG_{i\text{-}j}$

478. 单代号网络中出现若干同时结束工作时，采取的措施是（　　）。

A. 虚设一个虚工作　　B. 虚设一个结束节点

C. 构造两个虚设节点　　D. 增加虚工序表示结束节点

479. 在搭接网络计划中，工作之间的搭接关系不包括（　　）。

A．开始—开始关系　　B．开始—完成关系
C．完成—开始关系　　D．时间间隔为零的关系

480．网络计划的逻辑关系不包括（　　）。
A．搭接关系　　B．按施工单位排列
C．平行关系　　D．先后关系

481．网络计划的逻辑关系不包括（　　）。
A．搭接关系　　B．平行关系
C．按工作重要程度排列　　D．先后关系

482．某分部工程双代号网络计划如下图所示，其作图错误包括（　　）。

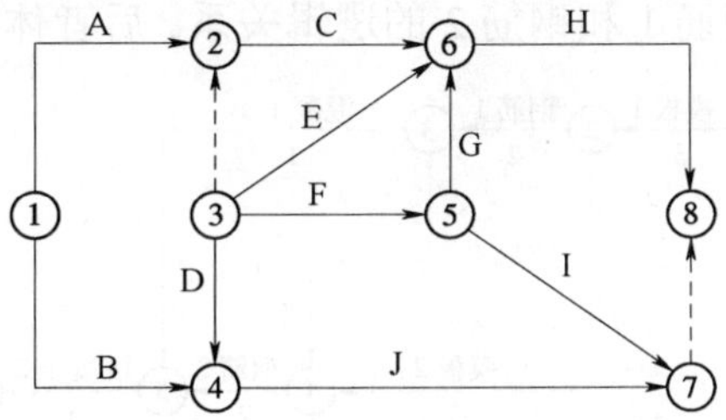

A．自由时差为零　　B．工作代号重复
C．两端节点为关键节点　　D．有多个起点节点

483．某分部工程双代号网络计划如下图所示，其作图错误包括（　　）。

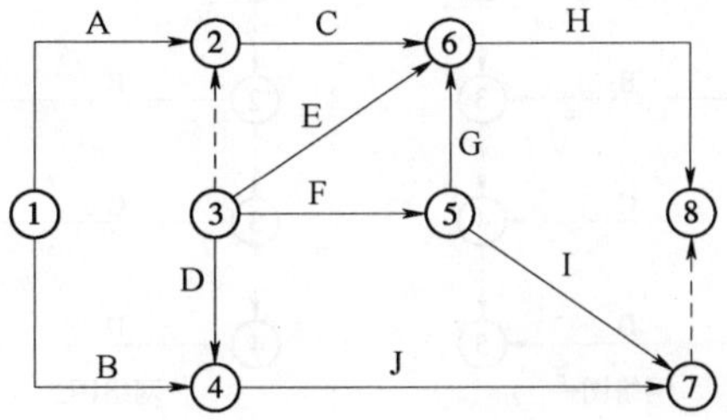

A．工作代号重复　　B．两端节点为关键节点
C．有多余虚箭线　　D．自由时差为零

484．时标网络计划的基本符号不包括（　　）。
A．箭线　　B．波形线　　C．虚箭线　　D．点划线

485．时标网络图属于（　　）。
A．单代号网络图　　B．单代号搭接网络图
C．双代号网络图　　D．双代号搭接网络图

486．单代号搭接网络图虽能表达搭接关系，但不能（　　）。因此，不具有实用性。
A．明确表达逻辑关系　　B．结合时间坐标
C．节省存储单元　　D．计算时间参数

487．双代号网络图中虚箭线的作用不包括（　　）。

A．搭接作用　　B．联系作用　　C．断开作用　　D．区分作用

488．下图所示网络图中虚箭线的作用为（　　）。

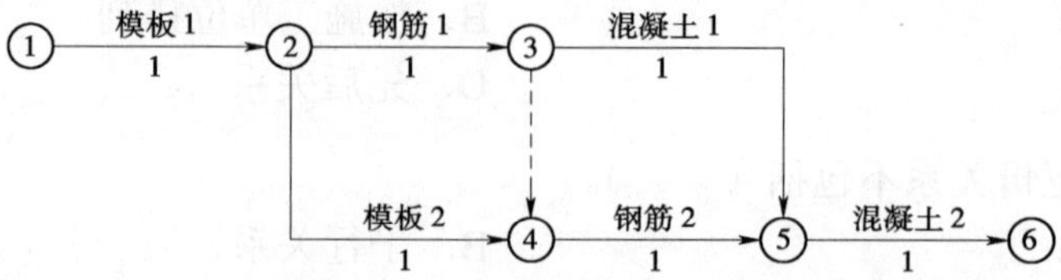

A．搭接作用　　B．联系作用　　C．断开作用　　D．区分作用

489．下图所示网络图中，若将虚箭线箭头指向反向，一会建立起模板 2 和混凝土 1 的紧前紧后关系；二会失去钢筋 1 和钢筋 2 的逻辑关系。后者体现了虚箭线的（　　）作用。

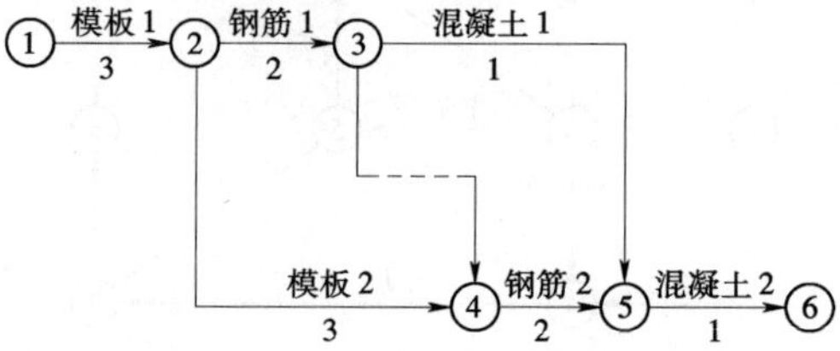

A．搭接　　B．联系　　C．断开　　D．区分

490．下图所示两网络图中，均体现了虚箭线的（　　）作用。

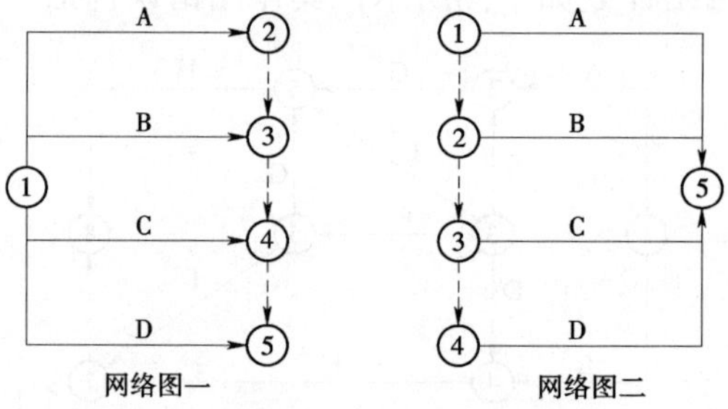

A．搭接　　B．联系　　C．断开　　D．区分

491．下列说法中错误的是（　　）。

A．由关键节点形成的工作是关键工作

B．关键线路是由关键工作组成的

C．总时差为零，自由时差一定为零

D．自由时差是局部时差，总时差是线路性时差

492．传统做法是用单代号网络图表示搭接关系，实际上也可以用双代号网络图表示搭接关系。下图所示双代号网络图表示的是（　　）。

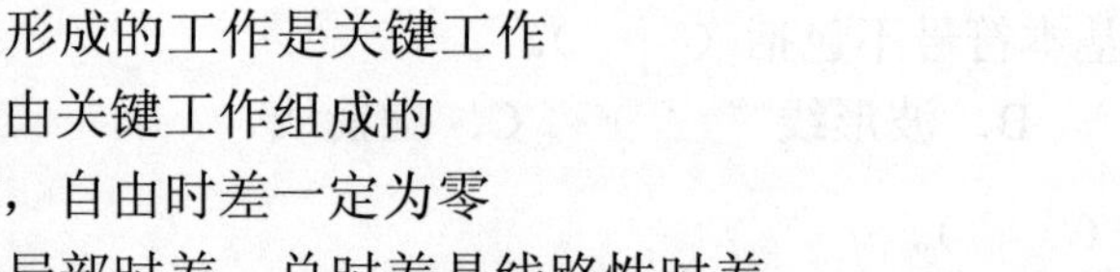

A．工作 A1 和 A2 搭接　　　　B．工作 A1 和 C 搭接
C．工作 A2 和 C 搭接　　　　D．工作 A 和 C 搭接

493．传统做法是用单代号网络图表示搭接关系，实际上也可以用双代号网络图表示搭接关系。下图所示双代号网络图表示的是（　　）。

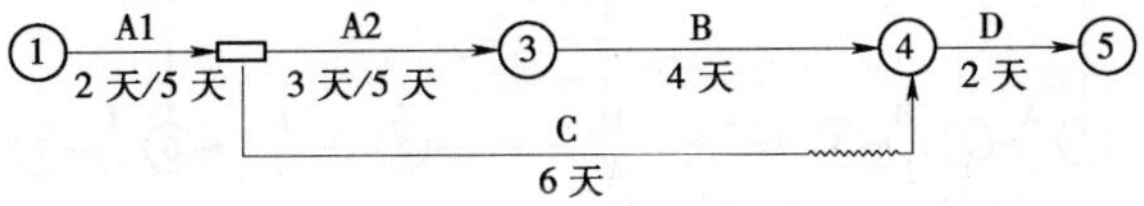

A．工作 A1 和 A2 搭接 3 天　　　　B．工作 A2 和 C 搭接 2 天
C．工作 A 和 C 搭接 3 天　　　　D．工作 A 和 C 搭接 2 天

494．双代号网络计划中，某节点 j 的最早时间为 6 天，以其为终点节点的工作 i—j 的总时差 $TF_{i\text{-}j}$=5 天，自由时差 $FF_{i\text{-}j}$=3 天，则该节点的最迟时间为（　　）。
A．8 天　　B．9 天　　C．11 天　　D．14 天

495．通常的时标网络图是按照最早时间绘制的，倘若按照最迟时间绘制时标网络图，则（　　）。
A．所有工作的自由时差会减少
B．所有工作的总时差会减少
C．所有工作的开始、完成时间可能会变化
D．所有工作的关系也会变化

496．倘若按照最迟时间绘制时标网络图，则（　　）。
A．所有工作的自由时差会减少
B．所有工作的总时差会减少
C．所有工作的关系也会变化
D．所有工作的最迟开始、完成时间可以直接看出

497．倘若按照最迟时间绘制时标网络图，则（　　）。
A．所有工作的时差无法利用　　　　B．所有工作的总时差会减少
C．所有工作的自由时差会减少　　　　D．所有工作的关系也会变化

498．倘若按照最迟时间绘制时标网络图，则其具有的优点为（　　）。
A．可以直观判断出工作的自由时差
B．可以直接看出工作的最迟开始、完成时间
C．可以直观判断出工作（线路）的总时差
D．可以直观判断出工作的持续时间

499．在工程时标网络图中，实箭线表示实际工作，因此在时间坐标上有长度。而虚箭线并不表示实际工作，那么，虚箭线在时间坐标上（　　）有时间长度。
A．可能　　　　B．不可能

500．某工程时标网络图如下图所示，虚箭线有时间长度，是因为（　　）。

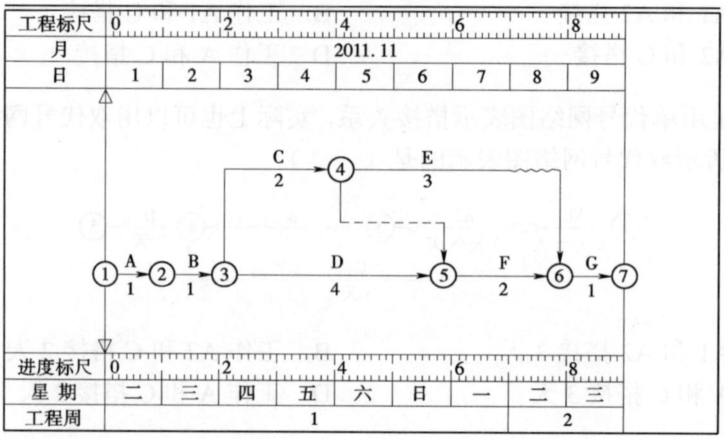

A．该时标网络图有错误　　　　　B．虚箭线代表的工作有自由时差

C．虚箭线关联的工作之间有时间间隔　D．都不是

501．某时标网络图如下图所示，则工作 B 的最迟开始和最迟完成时间分别为（　　）。

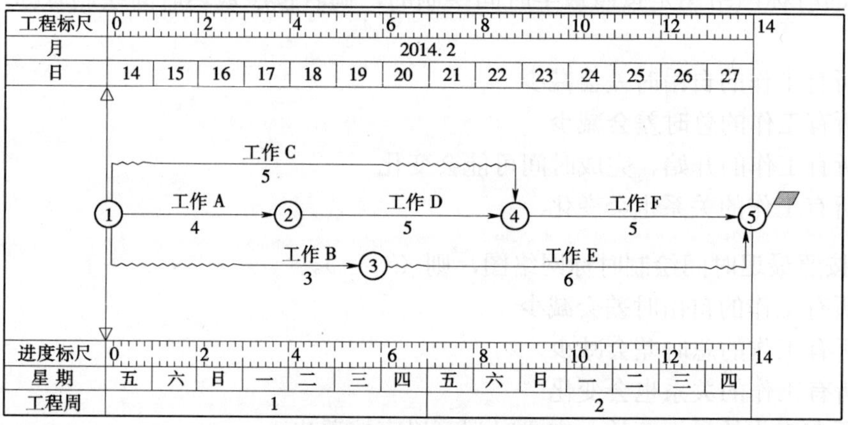

A．16 和 19　　B．17 和 20　　C．2 和 5　　D．3 和 6

502．某时标网络图如下图所示，则工作 E 的最迟开始和最迟完成时间分别为（　　）。

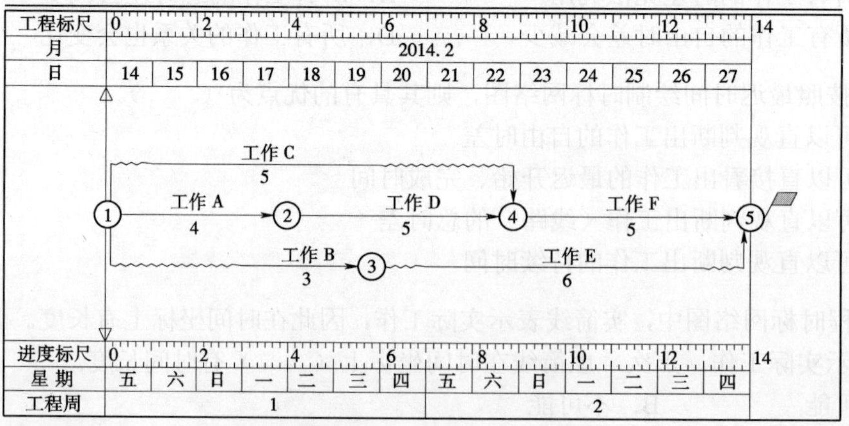

A．6 和 12　　B．7 和 13　　C．20 和 26　　D．21 和 26

503．某时标网络图如下图所示，则工作 B 的自由时差为（　　）。

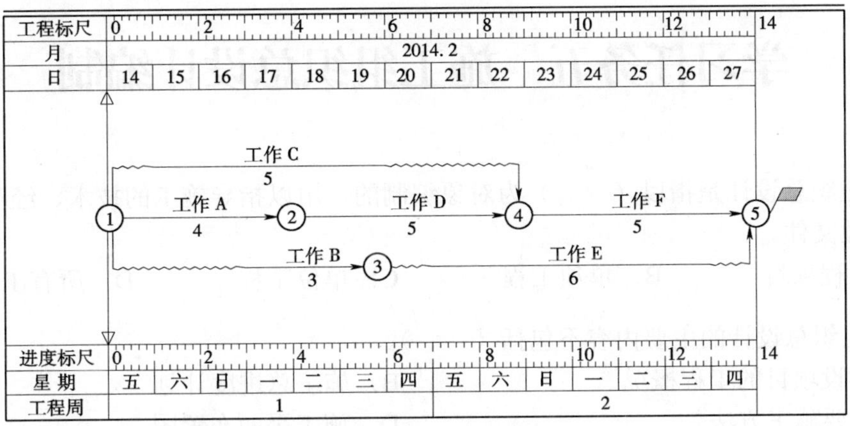

A．3　　B．2　　C．1　　D．0

504．某时标网络图如下图所示，则工作 B 的总时差为（　　）。

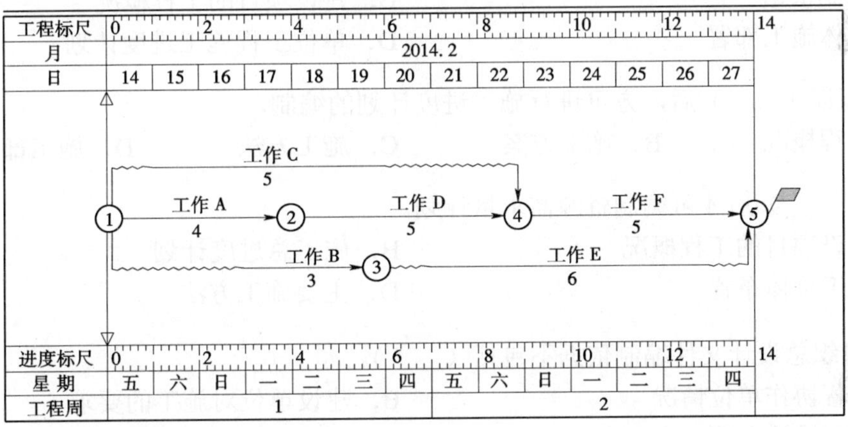

A．3　　B．2　　C．1　　D．0

505．某时标网络图如下图所示，则工作 E 的总时差为（　　）。

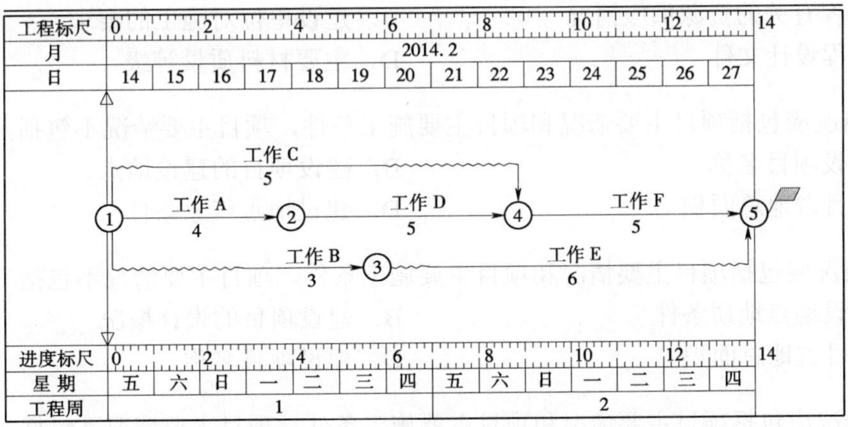

A．3　　B．2　　C．1　　D．0

学习任务五　施工组织总设计编制

1．施工组织总设计是指以（　　）为对象编制的，用以指导施工的技术、经济和管理的综合性文件。

A．工程项目　　B．单项工程　　C．单位工程　　D．所有工程

2．施工组织总设计的主要内容不包括（　　）。

A．建设项目的工程概况　　B．施工总进度计划

C．主要施工方法　　D．施工平面布置图

3．施工组织总设计的主要内容不包括（　　）。

A．编制依据　　B．建设项目的工程概况

C．总体施工部署　　D．单位工程施工进度计划

4．只有拟订（　　）后，方可进行施工进度计划的编制。

A．工程概况　　B．施工方案　　C．施工方法　　D．施工部署

5．编制（　　）后才可编制资源需求量计划。

A．建设项目的工程概况　　B．施工总进度计划

C．施工总体布置　　D．主要施工方法

6．施工组织总设计文件编制依据不包括（　　）。

A．工程协作单位情况　　B．建设单位对施工的要求

C．工程设计文件　　D．国家现行有关标准

7．施工组织总设计文件编制依据不包括（　　）。

A．工程有关的资源供应情况　　B．建设单位对施工的要求

C．工程设计文件　　D．主要材料质量等级

8．工程概况应包括项目主要情况和项目主要施工条件，项目主要情况不包括（　　）。

A．建设项目名称　　B．建设项目的建设地点

C．项目占地总面积　　D．建设地点气象条件

9．工程概况应包括项目主要情况和项目主要施工条件，项目主要情况不包括（　　）。

A．建设地点地质条件　　B．建设项目的设计概况

C．项目占地总面积　　D．建设项目名称

10．工程概况应包括项目主要情况和项目主要施工条件，项目主要情况不包括（　　）。

A．建设项目名称　　B．当地交通运输条件

C．项目占地总面积　　D．建设项目承包范围和分包情况

11．工程概况应包括项目主要情况和项目主要施工条件，项目主要情况不包括（　　）。
A．项目总规模　　B．建设项目的建设地点
C．项目施工区域地形　　D．对项目施工的重点要求

12．工程概况应包括项目主要情况和项目主要施工条件，（　　）属于项目主要施工条件。
A．项目总规模　　B．建设项目的建设地点
C．主要材料和生产工艺设备供应　　D．对项目施工的重点要求

13．（　　）是对整个建设项目从全局上进行的统筹规划和全面安排，它主要解决工程施工中的重大战略问题，是施工组织总设计的核心。
A．总体施工部署　　B．施工方案
C．施工方法　　D．施工组织

14．（　　）在时间上体现为施工总进度计划，在空间上体现为施工总平面图。
A．施工组织　　B．施工方法　　C．总体施工部署　　D．施工方案

15．总体施工部署在时间上体现为（　　）。
A．施工方案　　B．工程建设项目开展程序
C．施工总进度计划　　D．施工总平面图

16．总体施工部署在空间上体现为（　　）。
A．施工方案　　B．工程建设项目开展程序
C．施工总进度计划　　D．施工总平面图

17．总体施工部署的主要工作包括（　　）。
A．编制施工总进度计划　　B．施工总平面图设计
C．确定工程开展程序　　D．计算主要技术经济指标

18．总体施工部署的主要工作包括（　　）。
A．编制施工总进度计划　　B．施工总平面图设计
C．拟定主要项目的施工方案　　D．计算主要技术经济指标

19．总体施工部署的主要工作包括（　　）。
A．编制施工总进度计划　　B．施工总平面图设计
C．明确施工任务划分与组织安排　　D．计算主要技术经济指标

20．总体施工部署的主要工作包括（　　）。
A．编制施工总进度计划　　B．施工总平面图设计
C．编制施工准备工作计划　　D．计算主要技术经济指标

21．施工总进度计划宜优先采用（　　）计划。
A．横道图　　B．斜线图　　C．网络图　　D．香蕉图

22．施工总进度计划的编制内容包括：①安排施工进度；②分期（分批）实施工程的开、竣工日期和相互搭接关系；③列出工程项目一览表并计算工程量；④确定各单位工程

的施工期限；⑤总进度计划的调整与修正。按照编制程序依次应为（　　）。

A．②①③④⑤　　B．③④②①⑤　　C．①②③④⑤　　D．③④①②⑤

23．施工总进度计划表绘制完后，将同一时期各项工程的工作量加在一起，用一定的比例画在施工总进度计划的底部，即可得出建设项目工作量动态曲线。这主要是为了检查计划是否达到（　　）要求。

A．技术性　　B．均衡性　　C．经济性　　D．合理性

24．“设计资料”是施工总平面图设计（　　）。

A．依据　　B．内容　　C．原则　　D．目标

25．“建设项目的建设概况”是施工总平面图设计（　　）。

A．依据　　B．内容　　C．原则　　D．目标

26．“平面布置科学合理，施工场地占用面积少”是施工总平面图设计（　　）。

A．依据　　B．内容　　C．原则　　D．目标

27．“合理组织运输，减少二次搬运”是施工总平面图设计（　　）。

A．依据　　B．内容　　C．原则　　D．目标

28．“临时设施应方便生产和生活”是施工总平面图设计（　　）。

A．依据　　B．内容　　C．原则　　D．目标

29．“符合节能、环保、安全和消防等要求”是施工总平面图设计（　　）。

A．依据　　B．内容　　C．原则　　D．目标

30．“施工区域的划分应符合总体施工部署和施工流程的要求，减少相互干扰”是施工总平面图设计（　　）。

A．依据　　B．内容　　C．原则　　D．目标

31．“建设地区的自然条件和经济技术条件”是施工总平面图设计（　　）。

A．依据　　B．内容　　C．原则　　D．目标

32．“全部拟建的建（构）筑物和其他基础设施的位置”是施工总平面图设计（　　）。

A．依据　　B．内容　　C．原则　　D．目标

33．“施工现场必备的安全、消防、保卫和环境保护等设施”是施工总平面图设计（　　）。

A．依据　　B．内容　　C．原则　　D．目标

34．设计全工地性施工总平面图，第一步应该是（　　）。

A．临时性房屋布置　　B．仓库与材料堆场的布置

C．内部运输道路布置　　D．场外交通的引入

35．施工总平面图设计步骤包括临时水电管网的布置、临时性房屋布置、内部运输道路布置、加工厂布置、仓库与材料堆场的布置、场外交通的引入，其中第一步是（　　）。

A．场外交通的引入　　B．加工厂布置

C．临时性房屋布置　　D．临时水电管网的布置

36．施工总平面图设计步骤包括临时水电管网的布置、临时性房屋布置、内部运输道路布置、加工厂布置、仓库与材料堆场的布置、场外交通的引入，其中第二步是（　　）。
A．场外交通的引入　　B．加工厂布置
C．临时性房屋布置　　D．仓库与材料堆场的布置

37．施工总平面图设计步骤包括临时水电管网的布置、临时性房屋布置、内部运输道路布置、加工厂布置、仓库与材料堆场的布置、场外交通的引入，其中第三步是（　　）。
A．场外交通的引入　　B．加工厂布置
C．临时性房屋布置　　D．仓库与材料堆场的布置

38．施工总平面图设计步骤包括临时水电管网的布置、临时性房屋布置、内部运输道路布置、加工厂布置、仓库与材料堆场的布置、场外交通的引入，其中第四步是（　　）。
A．场外交通的引入　　B．加工厂布置
C．内部运输道路布置　　D．仓库与材料堆场的布置

39．施工总平面图设计步骤包括临时水电管网的布置、临时性房屋布置、内部运输道路布置、加工厂布置、仓库与材料堆场的布置、场外交通的引入，其中第五步是（　　）。
A．场外交通的引入　　B．加工厂布置
C．临时性房屋布置　　D．仓库与材料堆场的布置

40．设计全工地性施工总平面图，最后一步应该是（　　）。
A．临时水电管网的布置　　B．仓库与材料堆场的布置
C．内部运输道路布置　　D．场外交通的引入

41．仓库与材料堆场的布置说法中，错误的是（　　）。
A．砂、石、水泥等在搅拌站附近
B．钢筋、木材、金属结构等在加工厂附近
C．库、氧气库等布置在远离生活区，靠近生产区的地方
D．预制构件等直接使用材料，应布置在施工现场吊车半径范围之内

42．施工组织总设计中，确定主要施工方法时，（　　）项目的施工方法则应详细、具体拟订。
A．一般的、常见　　B．工期无多大影响
C．工程量大　　D．工人熟悉

43．在确定施工组织设计的主要施工方法时，应详细拟定（　　）项目的施工方法。
A．一般的、常见　　B．工期无多大影响
C．施工技术复杂、施工难度大　　D．工人熟悉

44．施工组织总设计中，确定主要施工方法时，（　　）项目的施工方法应详细、具体拟订。
A．一般的、常见　　B．工期无多大影响

C．特殊结构　　　　　　　　　　　D．工人熟悉

45．下列（　　）的项目应在编制主要施工方法时详细拟订。

A．一般的、常见　　　　　　　　　B．工期无多大影响

C．技术要求很高　　　　　　　　　D．工人熟悉

46．施工组织总设计中，确定主要施工方法时，（　　）项目的施工方法只要提出若干注意事项和要求就可以了。

A．技术要求很高　　　　　　　　　B．特殊结构

C．工程量大　　　　　　　　　　　D．工人熟悉

47．在确定主要施工方法时，（　　）项目的施工方法无需详细编制。

A．技术要求很高　　　　　　　　　B．特殊结构

C．工程量大　　　　　　　　　　　D．一般的、常见

48．在确定施工组织设计的主要施工方法时，（　　）项目的施工方法简单编制即可。

A．技术要求很高　　　　　　　　　B．特殊结构

C．工程量大　　　　　　　　　　　D．工期无多大影响

49．施工总平面图的绘制比例一般为（　　）。

A．1∶100～1∶200　　　　　　　B．1∶100～1∶500

C．1∶1000～1∶2000　　　　　　D．1∶10000～1∶20000

50．施工总平面图的绘制比例一般为1∶1000～1∶2000。此说法（　　）。

A．正确　　　　　　　　　　　　　B．不正确

51．施工总平面图是对拟建项目施工现场的总体平面布置图，是施工部署在（　　）上的反映。

A．平面　　　　B．立面　　　　C．时间　　　　D．空间

学习任务六　单位工程施工组织设计编制

1．单位工程施工组织设计是用以指导拟建工程（　　）全过程施工活动的综合性文件。

A．从工程筹建到竣工验收　　B．从施工准备到竣工验收

C．从工程筹建到质保期满　　D．从施工准备到质保期满

2．单位工程施工组织设计文件编制依据不包括（　　）。

A．工程协作单位情况　　B．工程预算

C．建设单位可提供的条件　　D．原材料质量

3．单位工程施工组织设计文件编制依据不包括（　　）。

A．有关法律、法规、规章和技术标准　　B．规划报告及审批意见

C．施工合同、设计文件　　D．建筑企业年度生产计划

4．单位工程施工组织设计的内容一般不包括（　　）。

A．施工部署　　B．施工进度计划

C．施工管理　　D．施工总体布置图

5．（　　）作为单位工程施工组织设计的内容不大合理。

A．施工方法　　B．施工总进度计划

C．资源配置计划　　D．施工平面布置图

6．项目管理组织机构是施工单位内部的管理组织机构，（　　）是最高领导。

A．项目法人　　B．企业法人　　C．项目总工　　D．项目经理

7．单位工程开工前必须做好一系列准备工作，在具备开工条件后，由施工单位编制书面开工申请报告，报（　　）审批后方可开工。

A．建设行政主管部门　　B．业主

C．监理工程师　　D．项目总工

8．开工申请报告审批后，应由（　　）发布开工通知。

A．质量监督部门　　B．建设行政主管部门

C．监理工程师　　D．建设单位

9．主要对于工业厂房，先土建后设备（封闭式施工）的施工程序适用于（　　）的项目。

A．设备较小，但基础较深　　B．大型设备

C．可利用行车安装设备　　D．设备基础较大

10．关于施工起点和流向，说法错误的是（　　）。

A．施工方法是确定施工流向的关键因素

B．工期较长的工段或部位应先施工
C．对生产或使用要求急切的工段或部位先施工
D．屋面防水层施工同一屋面应由屋脊到檐口方向施工

11．关于确定施工顺序，说法错误的是（　　）。
A．确定施工顺序时必须遵循施工程序
B．应和采用的施工方法和施工机械协调一致
C．楼梯抹面应在全部墙面、地面和天棚抹灰完成之后，自下而上一次完成
D．冬季到来之前，应先做完室外各项施工过程

12．卷材防水屋面的施工顺序一般为（　　）。
A．找平层→保温层→隔气层→找平层→结合层→防水层
B．找平层→隔气层→保温层→找平层→结合层→防水层
C．找平层→保温层→隔气层→结合层→防水层
D．找平层→隔气层→保温层→结合层→防水层

13．室外装饰施工顺序一般为（　　）。
A．外墙抹灰→勒脚→散水→台阶→明沟
B．外墙抹灰→勒脚→散水→明沟→台阶
C．外墙抹灰→勒脚→台阶→明沟→散水
D．勒脚→台阶→明沟→散水→外墙抹灰

14．同一层的室内抹灰施工顺序按照楼地面→天棚→墙面施工，（　　）。
A．难以保证质量　　B．比较影响工期
C．地面易起鼓　　D．地面难以清理

15．“四新”项目，指的是涉及（　　）的项目。
A．新设备、新方法、新材料、新技术
B．新设备、新方法、新结构、新工艺
C．新结构、新工艺、新材料、新技术
D．新结构、新工艺、新思想、新方法

16．关于施工机械选择的说法，正确的是（　　）。
A．施工机械选择的内容主要包括机械的类型、型号
B．在同一建筑工地上，尽量使选择的施工机械的种类较少
C．选择主导施工机械，应充分考虑使辅助机械的生产能力得到充分发挥
D．土方工程挖运施工中，自卸汽车是主导施工机械

17．编制施工进度计划时，首先按施工图纸和施工顺序把拟建单位工程的各个施工过程列出，其中构件制备类（　　）。
A．不必列入
B．可以列入

C．必不列入

D．采用现场就地预制方案，单独占施工工期，对其他施工过程的施工有影响的列入

18．施工进度计划表达方法不包括（　　）。

A．横道图　　B．工程进度曲线

C．直方图　　D．网络进度计划

19．下列关于施工进度计划横道图的说法错误的是（　　）。

A．能表示出各项工作的划分、工作的开始时间和完成时间及工作之间的相互搭接关系

B．能反映出实际工程进展速度及工程量的完成情况

C．不能明确反映出各项工作之间错综复杂的相互关系，不利于建设工程进度的动态控制

D．不能明确地反映出影响工期的关键工作和关键线路，不便于进度控制人员抓住主要矛盾

20．进度控制是一个（　　）的管理过程。

A．动态　　B．静态　　C．开放　　D．封闭

21．施工进度计划中，（　　）是确定工程计划工期、确定关键路线、关键工作的基础，也是判定非关键工作机动时间和进行计划优化、计划管理的依据。

A．施工进度管理控制曲线　　B．工程进度曲线

C．网络进度计划　　D．横道图

22．施工进度计划编制的主要步骤包括：①研究设计资料和施工条件；②计算工程量；③选择施工方法，修改控制进度，编制进度计划的初步方案；④安排施工顺序，草拟轮廓进度计划；⑤划分工程项目；⑥进行施工进度方案比较，选择较优方案；⑦对进度计划进行工期、资源优化，确定施工进度计划。其正常顺序应为（　　）。

A．①-②-③-④-⑤-⑥-⑦　　B．①-②-③-⑤-⑥-⑦-④

C．①-⑤-②-④-③-⑥-⑦　　D．①-④-③-②-⑦-⑥-⑤

23．下列关于工程进度曲线的绘制说法正确的是（　　）。

A．以时间为横轴，以完成累计工作量为纵轴

B．以时间为横轴，以单位时间内完成工作量为纵轴

C．以完成累计工作量为横轴，以时间为纵轴

D．以单位时间内完成工作量为横轴，以时间为纵轴

24．建立进度控制目标体系，明确现场项目管理组织机构中进度控制人员及其职责分工是进度控制的（　　）。

A．组织措施　　B．技术措施　　C．经济措施　　D．合同措施

25．抓住关键部位、控制进度的里程碑节点按时完成是进度控制的（　　）。

A．组织措施　　B．技术措施　　C．经济措施　　D．合同措施

26．抓好资金管理，确保项目资金专款专用是进度控制的（　　）。

A．组织措施　　B．技术措施　　C．经济措施　　D．合同措施

27．加大奖励力度，保证节假日及赶工期间现场施工人员的稳定是进度控制的（　　）。
A．组织措施　　B．技术措施　　C．经济措施　　D．合同措施

28．施工进度计划不可以用以下哪种方法表达？（　　）
A．相关图　　B．形象进度图
C．横道图　　D．施工进度管理控制曲线

29．在工程进度曲线中，将实际进度与计划进度进行比较，不能获得的信息是（　　）。
A．实际工程进展速度　　B．进度超前或拖延的时间
C．工程量的完成情况　　D．各项工作之间的相互搭接关系

30．施工进度计划的保证措施不包括（　　）。
A．组织措施　　B．安全措施　　C．技术措施　　D．经济措施

31．施工中，固体废物的处置不包括（　　）的处置。
A．生活垃圾　　B．化粪池　　C．建筑垃圾　　D．生产废料

32．标前施工组织设计中包括施工程序，施工方法选择，施工机械选用以及劳动力、资源、半成品的投入量是（　　）。
A．施工进度计划　　B．施工方案　　C．施工准备工作　　D．工程概况

33．标前施工组织设计的内容除施工方案、技术组织措施、平面布置以及其他有关投标和签约需要的设计外，还有（　　）。
A．施工进度计划　　B．降低成本措施计划
C．资源需要量计划　　D．技术经济指标分析

34．施工顺序是各施工过程之间在时间上的先后顺序。受两方面的制约，它们是（　　）。
A．技术关系和组织关系　　B．工艺关系和组织关系
C．结构关系和技术关系　　D．技术关系和工艺关系

35．施工组织中，编制资源需要量计划的直接依据是（　　）。
A．工程量清单　　B．施工进度计划
C．施工图　　D．市场的供求情况

36．编制单位工程施工进度计划时，应用经验估计法确定的项目持续时间应当是（　　）。
A．最短持续时间　　B．最可能持续时间
C．期望持续时间　　D．平均持续时间

37．在设计单位工程施工平面图时，一般应首先考虑（　　）的布置。
A．办公、生活临时设施　　B．水电管网
C．运输道路　　D．起重机械

38．生产性工程的（　　）往往是确定施工流向的基本因素。

A．施工进度交付顺序　　B．生产工艺

C．机械设备　　D．技术复杂部位

39．下列内容中，不属于单位工程施工组织设计的内容的是（　　）。

A．施工进度计划　　B．施工平面图

C．施工日志　　D．工程概况

40．正确的编制程序是（　　）。

①设计施工平面图；②编制各种物资需要量计划；③计算技术经济指标；④拟定施工方案；⑤编制施工进度计划。

A．①-②-④-⑤-③　　B．④-⑤-②-①-③

C．①-②-⑤-④-③　　D．④-①-②-⑤-③

41．下列内容中，不属于单位工程施工组织设计编制依据的是（　　）。

A．施工图　　B．现场水文地质情况

C．预算文件　　D．项目可行性研究

42．编制单位工程施工组织设计时，考虑施工顺序应遵守（　　）的基本要求。

A．“先地上、后地下”　　B．“先围护、后主体”

C．“先结构，后装修”　　D．“先设备，后土建”

43．单位工程施工组织设计技术经济分析重点，应围绕（　　）三个主要方面。

A．劳动生产率、降低成本率、计划利润率

B．技术措施、降低成本措施、施工平面图

C．劳动指标、材料使用指标、机械使用指标

D．质量、工期、成本

44．施工工序一般指（　　）。

A．单位工程之间　　B．单项工程之间

C．分部工程之间　　D．分项工程之间

45．下列（　　）情况，应先做好外粉刷，再做内粉刷。

A．单排外脚手架　　B．室内为现浇水磨石地面

C．垂直运输设备为井架　　D．为了美观

46．工程施工组织设计中，计算主要施工机械的需要量的依据是（　　）。

A．工程建筑安装造价　　B．扩大定额

C．建筑面积　　D．施工方案、进度计划和工程量

47．统筹安排一个工程项目的施工程序时，宜先安排的是（　　）。

A．工程量大的项目　　B．需先期投入生产或使用的项目

C．施工难度大、技术复杂的项目　　D．对技术维修影响大的项目

48．施工组织标前设计的程序中，在学习招标文件工作之后，应进行（　　）。

A．编制施工方案　　　　B．编制进度计划
C．选择施工机械　　　　D．调查研究

49．承包商编制工程施工组织设计的主要工作中有以下四项内容：①编制施工进度计划；②编制施工方案及选择主要施工机械；③编制资源配置计划；④绘制施工平面图。上述内容在编制程序中的先后关系正确的是（　　）。
A．①→②→③→④　　　　B．②→①→④→③
C．②→①→③→④　　　　D．②→③→①→④

50．关于施工组织设计表述正确的是（　　）。
A．“标前设计”是规划性设计，由项目管理层编制
B．“标后设计”由企业管理层在合同签订之前完成
C．施工组织设计由设计单位编制
D．施工组织设计主要用于项目管理

51．单位工程技术组织措施设计中不包括（　　）。
A．质量保证措施　　　　B．安全保证措施
C．环境保护措施　　　　D．资源供应保证措施

52．编制单位工程进度计划时，施工过程划分的粗细程度，主要根据（　）确定。
A．工作是否在建筑物上进行施工　　　　B．施工进度计划的客观指导作用
C．施工顺序的先后排列　　　　D．工作的重要程度

53．施工进度计划中的工程量，不能作为（　）的依据。
A．计算劳动力　　　　B．计算施工机械
C．计算建筑材料　　　　D．计算工资或进行工程结算

54．编制单位工程进度计划时，关于工程量计算的描述错误的是（　　）。
A．计量单位，应与现行定额手册中所规定的单位一致
B．要结合选定的施工方法和安全技术要求计算工程量
C．结合施工组织的要求，分区、分项、分段、分层计算工程量
D．直接采用预算文件（或其他计划）中的工程量

55．施工定额有两种形式，时间定额和产量定额，两者互为（　）关系。
A．正比　　B．倒数　　C．平方　　D．等量

56．计算工程量以后，根据所划分的施工项目和施工方法，即可套用施工定额，直接得出的是该工作所需的（　）。
A．劳动量　　B．人工数量　　C．作业时间　　D．工人技术等级

57．计算劳动量公式 $P=Q/S$，其中 S 的意义是（　　）。
A．预算定额　　B．施工定额　　C．产量定额　　D．时间定额

58．计算劳动量公式 $P=QH$，其中 H 的意义是（　　）。

A．预算定额　　B．施工定额　　C．产量定额　　D．时间定额

59．编制施工进度计划时，组织施工的主要方式是（　　）。

A．平行施工　　B．流水施工　　C．依次施工　　D．均衡施工

60．初始施工进度计划编制后，不可避免会存在一些不足之处，必须进行检查与调整，检查中不主要考虑（　　）。

A．施工顺序　　B．工人是否连续施工

C．施工质量　　D．机械、设备、材料等的利用是否均衡

61．施工准备工作应包括技术准备、现场准备和资金准备等。技术准备不应包括（　　）。

A．技术资料的准备　　B．编制资金使用计划

C．样板制作计划　　D．施工方案编制计划

62．关于施工准备工作的说法，错误的是（　　）。

A．是单位工程的开工条件　　B．是施工中的一项重要内容

C．仅在开工前要做　　D．贯穿于施工过程的始终

63．劳动力进场计划属于（　　）。

A．技术准备　　B．现场准备

C．资金准备　　D．施工过程中的准备工作

64．准备现场生产、生活等临时设施属于（　　）。

A．技术准备　　B．现场准备

C．资金准备　　D．施工过程中的准备工作

65．编制资源配置计划，一般不考虑（　　）。

A．施工图纸　　B．施工方案

C．施工平面布置　　D．施工进度计划

66．劳动力配置计划的编制方法是将施工进度计划表内所列各施工过程每天（或旬月）所需工人人数按（　　）汇总而得。

A．性别　　B．年龄　　C．工种　　D．技术等级

67．主要材料配置计划的编制方法是将施工进度计划表中各施工过程的工程量，按一定方式汇总，汇总时不考虑（　　）。

A．材料名称　　B．使用时间　　C．生产厂家　　D．规格、数量

68．施工机械配置计划的其编制方法为将单位工程施工进度计划表中的每一个施工过程每天所需的机械进行汇总，汇总时不考虑（　　）。

A．机械类型　　B．数量　　C．使用日期　　D．生产企业

69．“现场布置尽量紧凑，占地要省，不占或少占农田”是平面布置的设计（　　）。

A．依据　　　　B．内容　　　　C．原则　　　　D．目标

70．"单位工程施工进度计划和单位工程施工方案"是平面布置的设计（　　）。

A．依据　　　　B．内容　　　　C．原则　　　　D．目标

71．"现场地形图"是平面布置的设计（　　）。

A．依据　　　　B．内容　　　　C．原则　　　　D．目标

72．"交通运输、水源、电源、物质资源、生活和生产基地情况"是平面布置的设计（　　）。

A．依据　　　　B．内容　　　　C．原则　　　　D．目标

73．"各种材料、构件、半成品构件需要量计划"是平面布置的设计（　　）。

A．依据　　　　B．内容　　　　C．原则　　　　D．目标

74．"施工组织总设计文件"是平面布置的设计（　　）。

A．依据　　　　B．内容　　　　C．原则　　　　D．目标

75．"尽可能地减少临时设施并充分利用原有的建筑物或构筑物，降低费用"是平面布置的设计（　　）。

A．依据　　　　B．内容　　　　C．原则　　　　D．目标

76．"合理布置运输道路及各种材料堆场、仓库位置，避免二次搬运"是平面布置的设计（　　）。

A．依据　　　　B．内容　　　　C．原则　　　　D．目标

77．"符合劳动保护、环境保护、施工安全和防火要求"是平面布置的设计（　　）。

A．依据　　　　B．内容　　　　C．原则　　　　D．目标

78．"便于工人的生产和生活"是平面布置的设计（　　）。

A．依据　　　　B．内容　　　　C．原则　　　　D．目标

79．单位工程施工平面图的设计步骤的第一步应该是（　　）。

A．起重运输机械的布置　　　　B．堆场或仓库的布置

C．现场运输道路的布置　　　　D．文化生活、福利用临时设施的布置

80．单位工程施工平面图的设计步骤包括：文化生活、福利用临时设施的布置、水电布置、起重运输机械的布置、堆场或仓库的布置、现场运输道路的布置，其中，（　　）是第一步。

A．起重运输机械的布置　　　　B．堆场或仓库的布置

C．现场运输道路的布置　　　　D．文化生活、福利用临时设施的布置

81．单位工程施工平面图的设计步骤包括：文化生活、福利用临时设施的布置、水电布置、起重运输机械的布置、堆场或仓库的布置、现场运输道路的布置，其中，（　　）是第二步。

A．起重运输机械的布置　　　　B．堆场或仓库的布置

C．现场运输道路的布置　　D．文化生活、福利用临时设施的布置

82．单位工程施工平面图的设计步骤包括：文化生活、福利用临时设施的布置、水电布置、起重运输机械的布置、堆场或仓库的布置、现场运输道路的布置，其中，（　　）是第三步。

A．起重运输机械的布置　　B．堆场或仓库的布置
C．现场运输道路的布置　　D．文化生活、福利用临时设施的布置

83．单位工程施工平面图的设计步骤包括：文化生活、福利用临时设施的布置、水电布置、起重运输机械的布置、堆场或仓库的布置、现场运输道路的布置，其中，（　　）是第四步。

A．起重运输机械的布置　　B．堆场或仓库的布置
C．现场运输道路的布置　　D．文化生活、福利用临时设施的布置

84．单位工程施工平面图的设计步骤包括：文化生活、福利用临时设施的布置、水电布置、起重运输机械的布置、堆场或仓库的布置、现场运输道路的布置，其中，（　　）是第五步。

A．起重运输机械的布置　　B．堆场或仓库的布置
C．现场运输道路的布置　　D．水电布置

85．垂直运输机械的布置原则是：充分发挥起重机械的能力，并使地面和楼面的水平运距（　　）。

A．最大　　B．最小　　C．相等　　D．差不多

86．井架、龙门架的位置以布置在（　　）为宜，以避免砌墙留槎和减少井架拆除后的修补工作。

A．建筑物中部　　B．窗口处
C．建筑物端部　　D．高低分界线较低部位一侧

87．卷扬机的位置不应距离龙门架（　　），以便司机的视线能够看到整个升降过程。

A．过近　　B．过前　　C．过远　　D．过后

88．卷扬机的位置不应距离起重机械过近，一般要求此距离大于建筑物的高度，水平距外脚手架（　　）以上。

A．1m　　B．3m　　C．5m　　D．10m

89．位置应靠近搅拌站，并设在下风向的是（　　）。

A．淋灰池　　B．水泥仓库　　C．沉灰池　　D．砂石骨料

90．施工道路的最小宽度，通常汽车单行道路宽应不小于（　　）。

A．2m　　B．3m　　C．4m　　D．5m

91．施工道路的最小宽度，通常汽车双行道路宽应不小于（　　）。

A．4.5m　　B．5.5m　　C．6.5m　　D．7.5m

92．现场运输道路布置时应保证车辆行驶通畅，能通到各个仓库及堆场，最好围绕建筑物布置成一条（　　）道路。

A．尽可能宽阔的　　B．环形的

C．尽可能耐久的　　D．双向的

93．单位工程施工组织设计的供水量是（　　）。

A．生产用水　　B．生产用水+生活用水

C．生产用水+生活用水+消防用水　　D．都不对

94．按有关规定设置，施工现场消防水管线的直径不小于（　　）。

A．50mm　　B．100mm　　C．150mm　　D．200mm

95．按有关规定设置，施工现场消防水管线的间距不大于（　　）。

A．50m　　B．100m　　C．120m　　D．200m

96．按有关规定设置，施工现场消防水管线距道路边不大于（　　）。

A．1m　　B．2m　　C．3m　　D．5m

97．按有关规定设置，施工现场消防水管线距建筑物外墙不应小于（　　）。

A．1m　　B．2m　　C．3m　　D．5m

98．按有关规定设置，施工现场消防水管线距建筑物外墙不应大于（　　）。

A．10m　　B．15m　　C．20m　　D．25m

99．施工现场变压器应布置在现场边缘高压线接入处，距地面高度应大于（　　）。

A．15cm　　B．25cm　　C．35cm　　D．50cm

100．施工现场变压器应布置在现场边缘高压线接入处，在（　　）以外的四周用高度大于1.7m铁丝网围住。

A．1m　　B．2m　　C．3m　　D．4m

101．施工现场变压器应布置在现场边缘高压线接入处，在2m以外的四周用高度大于（　　）铁丝网围住。

A．1.2m　　B．1.5m　　C．1.7m　　D．2.0m

102．工作的最迟完成时间是指在不影响（　　）的条件下，一项工作必须完成的最迟时间。

A．紧前工作　　B．紧后工作最早开始时间

C．紧后工作最早完成时间　　D．工程工期

103．自由时差是指在不影响（　　）的前提下，该工作所具有的机动时间。

A．其紧后工作最早开始　　B．其紧后工作最迟开始

C．其紧前工作最早完成　　D．工程工期

104．工作总时差是指在不影响（　　）的条件下，一项工作所具有的机动时间。

A．紧前工作　　B．工程工期

C．其紧前工作最早完成　　D．其紧后工作最早开始

105．在工程网络计划执行过程中，如果某项非关键工作实际进度没有超过其总时差，则（　　）。

A．该工作的总时差不变　　B．该工作的自由时差不变

C．不影响其紧后工作　　D．不影响工程计划工期

106．在项目实施中如果某项工作拖延的时间超过其自由时差，则（　　）。

A．必定影响其紧后工作的最早开始时间

B．必定影响工程总工期

C．不会影响工程总工期

D．该工作必定变成关键工作

107．在工程网络计划中若某工作的（　　）最小，则该工作必为关键工作。

A．自由时差　　B．持续时间　　C．总时差　　D．时间间隔

108．在施工进度计划中，关于网络计划的时间参数自由时差的描述正确的是（　　）。

A．在不影响工程工期的条件下，一项工作所具有的机动时间

B．在不影响紧跟其后工作最早开始的前提下，该工作所具有的机动时间

C．等于该工作的最迟开始时间 $LS_{i\text{-}j}$ 与其最早开始时间 $ES_{i\text{-}j}$ 之差

D．等于该工作的最迟完成时间 $LF_{i\text{-}j}$ 与其最早开始时间 $EF_{i\text{-}j}$ 之差

109．单位工程施工组织设计的编制内容包括：工程概况，施工部署、施工方案、施工方法，进度计划，施工准备与资源配置计划，平面布置图。其中，编制的第一步应该是（　　）。

A．编制进度计划　　B．施工部署、施工方案、施工方法

C．设计平面布置图　　D．编写工程概况

110．单位工程施工组织设计的编制内容包括：工程概况，施工部署、施工方案、施工方法，进度计划，施工准备与资源配置计划，平面布置图。其中，编制的最后一步应该是（　　）。

A．编制进度计划　　B．施工部署、施工方案、施工方法

C．设计平面布置图　　D．编写工程概况

111．单位工程施工组织设计的编制内容包括：工程概况，施工部署、施工方案、施工方法，进度计划，施工准备与资源配置计划，平面布置图。其中，必不可少的三部分是（　　）。

A．工程概况，施工部署、施工方案、施工方法，进度计划

B．施工部署、施工方案、施工方法，进度计划，平面布置图

C．施工部署、施工方案、施工方法，进度计划，工程概况

D．施工准备与资源配置计划，进度计划，平面布置图

学习任务七　主要管理措施制定

1．甲单位拟新建一电教中心，经设计招标，由乙设计院承担该项目设计任务。下列目标中，不属于乙设计院项目管理目标的是（　　）。

A．项目投资目标　　B．设计进度目标

C．施工质量目标　　D．设计成本目标

2．某建设工程项目施工总承包管理模式，其中的二次装饰装修工程由建设单位发包给乙单位。在施工中，乙单位应该直接接受（　　）的工作指令。

A．建设单位　　B．设计单位

C．施工总承包管理企业　　D．施工承包企业

3．采用项目结构图对建设工程项目进行分解时，项目结构的分解应与整个建设工程实施的部署相结合，并与将采用的（　　）结合。

A．组织结构　　B．工程流程　　C．职能结构　　D．合同结构

4．建设工程施工管理中的组织结构图反映的是（　　）。

A．一个项目管理班子中各组成部门之间的组织关系

B．一个项目中各组成部分之间的组织关系

C．一个项目管理班子中各组成部门之间的组织关系

D．一个项目中各组成部分之间的逻辑关系

5．根据现行《建设工程工程量清单计价规范》（GB 50500），投标人所填报的分部分项工程的综合单价中不包括（　　）。

A．规费　　B．利润　　C．管理费　　D．直接工程费

6．编制施工管理任务分工表，涉及的事项有：①确定工作部门或个人的工作任务；②项目管理任务分解；③编制任务分工表。正确的编制程序是（　　）。

A．①②③　　B．②①③　　C．③②①　　D．②③①

7．关于工作流程与工作流程图的说法，正确的是（　　）。

A．业主方与项目各参与方的工作流程任务是一致的

B．工作流程组织的任务就是编制组织结构图

C．工作流程图可以用来描述工作流程组织

D．工作流程图中用双向箭线表示工作间的逻辑关系

8．根据《建筑安装工程费用项目组成》（建标〔2003〕206 号），下列建筑安装工程费用项目中，不属于直接工程是（　　）。

A．人工费　　B．材料费　　C．临时设施费　　D．施工机械使用费

9．根据《建筑安装工程费用项目组成》（建标〔2003〕206 号），施工现场垂直运输机械操作司机的工资属于建筑安装工程费用的（　　）。

A．人工费　　B．施工机械使用费

C．现场管理费　　D．企业管理费

10．某工程直接费为 315 万元，其中措施费为 15 万元，间接费率为 8%，则间接费为（　　）万元。

A．1.2　　B．24　　C．25.2　　D．26.4

11．关于施工定额的说法，正确的是（　　）。

A．施工定额是以分项工程为对象编制的定额

B．施工定额由劳动定额、材料消耗定额、施工机械台班消耗定额组成

C．施工定额广泛适用于施工企业项目管理，具有一定的社会性

D．施工定额由行业建设行政主管部门组成有一定水平的专家编制

12．关于周转性材料消耗量的说法，正确的是（　　）。

A．周转性材料的消耗量是指材料使用量

B．周转性材料的消耗量应当用材料的一次使用量和摊销量两个指标表示

C．周转性材料的摊销量供施工企业组织使用

D．周转性材料的消耗与周转使用次数无关

13．已知某斗容量 $1m^3$ 正铲挖土机，机械台班产量为 $476m^3$，机械利用系数 0.85，则它在正常工作条件下，1 小时纯工作时间内可以挖土约（　　）m^3。

A．47　　B．51　　C．56　　D．70

14．施工企业组织生产、编制施工计划。签发任务书的依据是（　　）。

A．施工预算　　B．施工图预算

C．投标报价　　D．项目经理的责任成本

15．编制施工组织总设计时，资源需求量计划应在完成（　　）后确定。

A．施工准备工作计划　　B．施工总平面图

C．施工总进度计划　　D．主要技术经济指标

16．某建设工程项目经理部根据目标动态控制原理，将项目目标进行了分解，那么在项目目标实施过程中，首先应进行的工作是（　　）。

A．确定目标控制的计划值　　B．定期比较目标计划值与实际值

C．分析比较结果，采取纠偏措施　　D．收集目标的实际完成值

17．运用动态控制原理控制施工质量时，质量目标不仅包括各分部分项工程的施工质量，还包括（　　）。

A．设计图纸的质量　　B．采购的建筑材料的质量

C．签订施工合同时决策质量　　D．编制监理规划的质量

18．下列各项管理权力中，属于施工项目经理管理权力的是（　　）。

A．自行决定是否分包及选择分包企业
B．编制和确定需政府监管的招标方案，评选和确定投标、中标单位
C．指挥建设工程项目建设的生产经营活动，调配并管理进入工程项目的生产要素
D．代表企业法人参加民事活动，行使企业法人的一切权力

19．项目管理目标责任书应在项目实施之前，由（　）或其授权人与项目经理协商制定。
A．企业董事长　　B．企业法定代表人
C．企业总经理　　D．主管生产经营的副经理

20．下列施工风险管理工作中，属于风险识别工作的是（　）。
A．确定风险因素　　B．分析风险发生的概率
C．分析风险损失量　　D．提出风险预警

21．根据《建设工程质量管理条例》，未经（　）签字的建筑材料不得在工程上使用。
A．监理员　　B．专业监理工程师
C．总监理工程师代表　　D．总监理工程师

22．监理人员实施旁站监理时，发现施工企业有违反工程建设强制性标准行为时，应当（　）。
A．责令施工企业整改　　B．向施工企业项目经理报告
C．向建设单位驻工地代表报告　　D．向建设行政主管部门报告

23．某建设工程施工合同约定："工程预付款从未施工工程尚需的主要材料及构件的价值相当于工程预付款数额时扣起……。"已知合同总价 200 万元，工程预付款 24 万元，主材费的比重为 60%，则该工程预付款起扣点为（　）万元。
A．24　　B．120　　C．160　　D．176

24．某市拟新建一大型会展中心，项目建设单位组织有关专家对该项目的总进度目标进行论证，在调查研究和收集整理后，紧接着应进行的工作是（　）。
A．进行进度计划系统结构分析　　B．进行项目结构分析
C．编制各级进度计划　　D．确定工作编码

25．施工企业进度控制的任务是依据（　）对施工进度的要求控制施工进度。
A．建设项目总进度目标　　B．施工总进度计划
C．建安工程工期定额　　D．施工承包合同

26．在安排一个小型项目施工的进度时，只需编制（　）。
A．施工总进度方案　　B．施工总进度规划
C．施工总进度计划　　D．施工总进度目标

27．根据《标准施工招标文件》，承包人按照合同规定将隐蔽工程覆盖后，监理人又要求承包人对已覆盖部位揭开重新检验，经检验证明工程质量符合要求，由此增加的费用和延误的工期应由（　）承担。

A．发包人　　B．承包人　　C．监理人　　D．设计单位

28．下列进度计划中，可直接用于组织施工作业的计划是（　　）。
A．施工企业的旬生产计划　　B．建设工程项目施工的月度施工计划
C．施工企业的月度生产计划　　D．建设工程项目施工的季度施工计划

29．关于横道图特点的说法，正确的是（　　）。
A．横道图无法表达工作间的逻辑关系
B．可以确定横道图计划的关键工作和关键路线
C．只能用手工方式对横道图计划进行调整
D．横道图计划适用于大的进度计划系统

30．建设工程项目施工准备阶段的施工预算成本计划以项目实施方案为依据，采用（　　）编制形式。
A．人工定额　　B．概算定额　　C．预算定额　　D．施工定额

31．施工成本计划的编制基础是（　　）。
A．施工成本考核　　B．施工成本预测
C．施工成本核算　　D．目标成本确定

32．施工成本计划作为施工成本控制的指导文件，其内容包括（　　）。
A．预定的具体成本目标和实现控制目标的措施
B．预定的具体成本目标和有可能出现的成本偏差
C．预定的经济效益目标和实现经济效益目标的手段
D．可能的工程变更和对变更的控制措施

33．施工成本控制过程中，为了及时发现施工成本是否超支，应该定期进行（　　）的比较。
A．施工成本计划值与实际值　　B．施工成本计划值与投标报价
C．成本实际值与投票报价　　D．实际工程款支付与合同价

34．某施工项目经理对商品混凝土的施工成本进行分析，发现其目标成本是 44 万元，实际成本是 48 万元，因此要分析产量、单价、损耗率等因素对混凝土成本的影响程度，最适宜采用的分析方法是（　　）。
A．比较法　　B．构成比率法　　C．因素分析法　　D．动态比率法

35．某建设工程施工合同约定：工程无预付款，进度款按月结算，保留金按进度款的 3%逐月扣留，监理工程师每月签发付款凭证的最低限额为 25 万元。经计量确认，施工单位第一个月完成工程款 25 万元，第二个月完成工程款 30 万元，则第二个月监理工程师应签发的付款金额为（　　）万元。
A．24.25　　B．29.1　　C．53.25　　D．55

36．根据国际惯例，承包商自有设备的窝工费一般按（　　）计算。

A．台班折旧费　　　　　　　　　　　　　　B．台班折旧费+设备进出现场的分摊费
C．台班使用费　　　　　　　　　　　　　　D．同类型设备的租金

37．根据《质量管理体系》（GB/T 19000—2000），施工企业开展质量管理和质量保证的基础是（　）。
A．质量体系文件　B．质量手册　C．程序文件　D．质量计划

38．建设工程施工项目开工前编制的工程测量控制方案应由（　）批准后实施。
A．项目经理　　　　　　　　　　B．公司技术负责人
C．公司总工程师　　　　　　　　D．项目技术负责人

39．建设工程施工项目竣工验收应由（　）组织。
A．监理单位　B．施工企业　C．建设单位　D．质量监督机构

40．某建设工程项目施工过程中，由于质量事故导致工程结构受到破坏，造成6000万元的直接经济损失，这一事故属于（　）。
A．一般事故　B．较大事故　C．重大事故　D．特别重大事故

41．某批混凝土试块经检测发现其强度值低于规范要求，后经法定检测单位对混凝土实体强度进行检测后，其实际强度达到规范允许和设计要求。这一质量事故宜采取的处理方法是（　）。
A．加固处理　B．修补处理　C．不作处理　D．返工处理

42．建设工程项目开工前，工程质量监督的申报手续应由项目（　）负责。
A．建设单位　B．施工企业　C．监理单位　D．设计单位

43．建设工程质量监督机构进行第一资历施工现场监督检查的重点是（　）。
A．施工现场准备情况　　　　　　B．检查施工现场计量器具
C．参加建设的各单位的质量行为　D．复核项目测量控制定位点

44．建设工程项目施工安全管理工作目标能否达到的关键是（　）。
A．建设单位安全管理的投入是否到位
B．施工企业安全管理和安全技术是否到位
C．监理单位对安全管理的重视程度
D．政府部门对项目施工安全监管是否到位

45．某建设工程施工进度计划如下图所示（时间单位：天），则该计划的计算工期是（　）天。

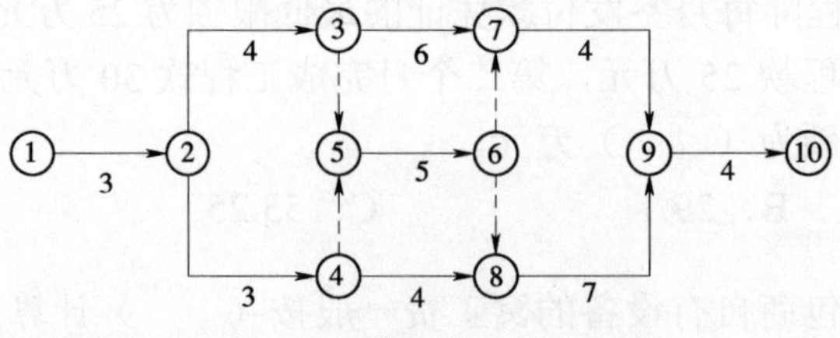

A．20　　B．21　　C．23　　D．25

46．在计算双代号网络计划的时间参数时，工作的最早开始时间应为其所有紧前工作（　　）。

A．最早完成时间的最小值　　B．最早完成时间的最大值

C．最迟完成时间的最小值　　D．最迟完成时间的最大值

47．已知某建设工程网络计划中 A 工作的自由时差为 5 天，总时差为 7 天。监理工程师在检查施工进度时发现只有该工作实际进度拖延，且影响总工期 3 天，则该工作实际进度比计划进度拖延（　　）天。

A．3　　B．5　　C．8　　D．10

48．相对于建设工程固定性的特点，施工生产则表现出（　　）的特点。

A．一次性　　B．流动性　　C．单件性　　D．预约性

49．下列影响工程施工质量的因素中，属于施工质量管理环境因素的是（　　）。

A．施工企业的质量管理制度　　B．施工现场的安全防护设施

C．施工现场的交通运输和道路条件　　D．不可抗力对施工质量的影响

50．建设工程项目质量管理的 PDCA 循环工作原理中，“C”是指（　　）。

A．计划　　B．实施　　C．检查　　D．处理

51．下列合同结构图表示的是（　　）模式。

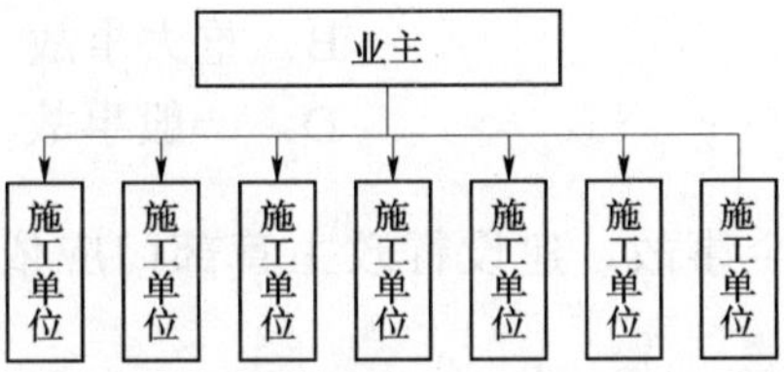

A．施工平行发包　　B．施工总承包

C．设计－建造－管理　　D．联合体承包

52．关于施工总承包管理模式的说法，错误的是（　　）。

A．建设单位可与多个单位组成的联合体签订施工总承包管理协议

B．施工总承包管理企业负责整个项目的施工组织与管理

C．施工总承包管理模式的招标可在设计阶段进行

D．施工总承包管理企业可不经过投标，直接承担部分工程的施工

53．根据《标准施工招标文件》，现场地质勘探资料、水文气象资料的准确性应由（　　）负责。

A．地质勘察单位　　B．发包人　　C．承包人　　D．监理人

54．根据《建设工程施工劳务分包合同（示范文本）》（GF-2003-0214），某工程承包人租赁一台起重机提供给劳务分包人使用，则该起重机的保险应由（　　）。

A．工程承包人办理并支付保险费用
B．劳务分包人办理并支付保险费用
C．工程承包人办理，但由劳务分包人支付保险费用
D．劳务分包人办理，但由承包人支付保险费用

55．建筑材料采购合同中约定供货方负责送货的，交货日期应以（　　）为准。
A．供货方发货截止的日期　　B．采购方收货截止的日期
C．合同约定的提货日期　　D．承运单位签发的日期

56．下列施工安全的制度保证体系中，属于日常管理制度的是（　　）。
A．安全生产责任制度　　B．安全生产奖惩制度
C．安全生产值班制度　　D．安全生产检查制度

57．对全国建设工程安全生产实施统一监督管理的部门是（　　）。
A．国务院技术监督管理部门　　B．国务院建设行政主管部门
C．国务院劳动和社会保障部门　　D．国务院安全生产监督管理部门

58．施工企业在确定建设工程职业健康安全与环境管理目标时，一般事项频率控制目标通常在（　　）以内。
A．6‰　　B．8‰　　C．10‰　　D．12‰

59．根据国务院《生产安全事故报告和调查处理条例》，造成2人死亡的生产安全事故属于（　　）。
A．特别重大事故　　B．重大事故
C．较大事故　　D．一般事故

60．某施工企业瞒报生产安全事故，建设行政主管部门应依法对其处以（　　）万元的罚款。
A．10～30　　B．30～50　　C．50～100　　D．100～500

61．关于建设工程施工现场环境管理的说法，正确的是（　　）。
A．施工现场用餐人数在50人以上的临时食堂，应设置简易有效的隔油池
B．施工现场外围设置的围挡不得低于1.5m
C．一般情况下禁止各种打桩机械在夜间施工
D．在城区、郊区城镇和居住稠密区，只能在夜间使用敞口锅熬制沥青

62．施工现场混凝土搅拌车清洗产生的污水，应（　　）。
A．有组织地直接排入市政污水管网　　B．经一次沉淀后排入市政排水管网
C．分散直接排入市政污水管网　　D．经二次沉淀后排入市政排水管网

63．某建设工程的单价合同中，双方根据估算的工程量约定了一个合同总价，而在实际结算时原合同总价与合同各项单价乘以实际完成的工程量之和不一致，则该工程价款结算以（　　）为准。

A．签订的合同总价
B．合同中各项单价乘以实际完成的工程量之和
C．实际完成的工程量乘以重新协商的各项单价之和
D．双方重新协商确定的单价和工程量

64．关于成本加固定费用合同的说法，正确的是（　　）。
A．在工程总成本一开始估计不准，可能变化不大的情况下宜采用成本加固定费用合同
B．报酬总额随工程成本的加大而增加
C．由于酬金金额固定，承包商在缩短工期方面没有积极性
D．通常在非代理型 CM 模式的合同中采用

65．对专业分包企业的工作和负责的工程负有协调和管理责任并承担由此造成损失的单位是（　　）。
A．设计单位　　B．建设单位
C．施工总承包企业　　D．监理单位

66．根据《标准施工招标文件》，以计日工方式实施变更的零星工作，其价款按（　　）进行计算。
A．目前市场上同工种人工的日工资单价
B．承包商提出的计日工单价
C．列入已标价工程量清单中的计日工计价子目及其单价
D．列入已标价工程量清单中分部分项工程的人工费单价

67．根据《建设工程施工合同（示范成本）》（GF-99-0201），承包人未在索赔事件发生后 28 天内发生索赔意向通知，将失去请求补偿的索赔权利，说明施工索赔具有（　　）。
A．真实性　　B．时效性　　C．关联性　　D．有效性

68．根据《建设工程施工合同（示范文本）》（GF-99-0201），如果干扰事件对建设工程的影响持续时间长，承包人应按监理工程师要求的合理间隔提交（　　）。
A．索赔意向通知　　B．中间索赔依据
C．中间索赔报告　　D．索赔声明

69．项目专业技术负责人组织相关人员对桩基础工程进行验收后，应由（　　）签署验收意见及验收结论，并签字盖章。
A．施工企业施工员　　B．专业监理工程师
C．项目专业技术负责人　　D．建设单位参加验收的人员

70．关于施工文件档案管理的说法，正确的是（　　）。
A．工程分包企业应将本单位形成的工程文件整理、立卷后及时移交建设单位
B．由多个单位工程组成的建设项目，工程文件按一个建设工程立卷
C．施工企业应当在工程竣工验收前，将形成的有关工程档案向建设单位移交
D．工程文件可采用纯蓝墨水书写

学习任务八　计算机辅助施工组织设计

1．项目管理软件中，编制施工流水网络图需在（　　）界面下操作。

A．横道图　　B．概要网络图

C．双代号网络图　　D．资源网格图

2．在“项目管理与投标工具箱”软件中，软件在使用过程中需要查看软件帮助时可使用快捷键为（　　）。

A．F3　　B．F1　　C．F4　　D．F2

3．在“项目管理与投标工具箱”软件中，复制任务与剪切任务这两个命令对任务的影响是（　　）。

A．复制任务和剪切任务均会删除原有任务

B．剪切任务会删除原有任务而复制任务不会

C．复制任务会删除原有的任务而剪切任务不会

D．复制任务和剪切任务均不会删除原有任务

4．在“项目管理与投标工具箱”软件中，支持搭接网络计划技术，任务与任务间的逻辑关系可以有（　　）四种。

A．完成—开始关系、完成—完成关系、开始—开始关系，开始—完成关系

B．开始—结束关系，结束—结束关系，结束—开始关系，开始—开始关系

C．开始—开始关系，开始—结束关系，结束—结束关系，完成—结束关系

D．开始—完成关系，完成—结束关系，开始—开始关系，开始—结束关系

5．在“项目管理与投标工具箱”软件中，确定任务持续时间的方法主要有两种：一种是采用定额套用法，一种是采用（　　）。

A．网络时间参数计算法　　B．逻辑关系确认法

C．三时估计法　　D．任务工期计算法

6．在“项目管理与投标工具箱”软件中，平面图布置软件中，打印输出的设置不可以设置的内容是（　　）。

A．纸张大小　　B．打印方向　　C．图纸比例　　D．采用的打印机

7．在标书编制软件中，使用快捷键（　　）可以查看软件帮助功能。

A．F3　　B．F4　　C．F2　　D．F1

8．在“项目管理与投标工具箱”软件中，平面布置软件中关于图纸的设置中图纸的默认尺寸单位是（　　）。

A．m　　B．km　　C．cm　　D．mm

9. 在“项目管理与投标工具箱”软件中，平面布置软件中的附加图元库中有（　）图元。
A. 26 种　B. 27 种　C. 28 种　D. 29 种

10. 在“项目管理与投标工具箱”软件中，平面布置软件中创建标注时，在图形有效区内点（　）。
A. 1 点　B. 2 点　C. 3 点　D. 4 点

11. 在“项目管理与投标工具箱”软件中，平面图布置软件中，打印输出的设置不可以设置的内容是（　）。
A. 图纸比例　B. 纸张大小　C. 采用的打印机　D. 打印方向

12. 在“项目管理与投标工具箱”软件中，以下对标书编制软件是否有密码的描述正确的是（　）。
A. 无密码设置选项　B. 有设置密码的选项但是也可不设置
C. 无需设置，购买时已设定好　D. 有此项并且必须设置才能使用

13. 在“项目管理与投标工具箱”软件中，标书编制软件中附件节点中不包括的内容是（　）。
A. 施工组织方案　B. 施工进度图表
C. 施工平面图布置图　D. 施工图纸

14. 在“项目管理与投标工具箱”软件中，不是对标书编制软件主要特点描述的是（　）。
A. 素材模板专业　B. 标书操作简易
C. 数据导入方便　D. 标书内容全面

15. 在“项目管理与投标工具箱”软件中，标书编制软件中新生成的投标书默认带有四个 1 级节点，由四部分内容组成，其中不包括（　）。
A. 标底文件　B. 商务标　C. 附件　D. 技术标

16. 项目管理软件中，哪个视图没有图注？（　）
A. 概要图　B. 普通双代号　C. 横道图　D. 逻辑双代号

17. 在“项目管理与投标工具箱”软件中，在项目信息的（　）中对定额进行选择。
A. 工程信息　B. 常规　C. 选项　D. 项目成本

18. 在“项目管理与投标工具箱”软件中，平面布置软件对编辑区内的对象调整不包括（　）。
A. 大小调整　B. 高度调整　C. 宽度调整　D. 角度调整

19. 平面图布置软件中，软件提供了自定义图元库功能，最关键创建图元库组件的步骤是（　）。
A. 修改图元库图标　B. 编辑图元
C. 使用鼠标拖拽图元到图元库　D. 修改缺省名字

20. 项目管理软件中，双代号显示时间六个参数的标签页是哪个？（　）

A．节点　　B．大小　　C．常规　　D．箭线

21．标书编制软件中，标书导入是导入（　　）格式文件。

A．bsm　　B．bss　　C．bsf　　D．doc

22．标书编制软件中，标书导入的文档章节是采用什么划分的？（　　）

A．字体　　B．标题样式　　C．章节　　D．段落

23．项目管理软件中，在任务信息里边如何设置 WES 码？（　　）

A．设置任务名称为 WES 码　　B．直接通过勾选属性设定

C．在备注标签页里边写备注　　D．没有办法，软件自动计算

24．平面图布置软件中，切换正交模式的快捷键是（　　）。

A．F8　　B．F9　　C．F7　　D．F6

25．采用软件编制施工组织设计文件时，其编制内容不包括（　　）。

A．施工方案　　B．施工准备与资源配置计划

C．施工平面布置图　　D．施工进度计划表

26．在双代号网络图界面中添加任务的主要方式有通过任务箭线添加、通过任务节点添加、在空白处添加三种。此说法（　　）。

A．正确　　B．不正确

27．在双代号网络图操作界面中，完成编辑任务的操作可通过直接单击任务箭线实现。此说法（　　）。

A．正确　　B．不正确

28．在双代号网络图界面中可通过按 Delete 键或 Backspace 键删除任务。此说法（　　）。

A．正确　　B．不正确

29．在双代号网络图界面中完成任务的搭接操作时，需借助 Ctrl 键。此说法（　　）。

A．正确　　B．不正确

30．在双代号网络图界面中完成任务的逻辑关系调整时，需借助 Shift 键。此说法（　　）。

A．正确　　B．不正确

31．在“项目管理与投标工具箱”软件中，标书编制软件中附件节点中不包括（　　）。

A．施工组织方案　　B．施工进度图表

C．施工平面图布置图　　D．施工图纸

32．在采用“项目管理与投标工具箱”软件绘制双代号网络图时，要实现工作之间的搭接需按住（　　）键。

A．F1　　B．F10　　C．Alt　　D．Ctrl

33．项目管理软件中，全屏显示的快捷操作是（　　）。

A．F1　　B．F2　　C．F3　　D．F4

34．项目管理软件中，资源导入能在（　　）视图下导入。

A．资源网格图　　B．概要网络图

C．双代号网络图　　D．逻辑时标图

35．项目管理软件中，数据检查的快捷操作命令是（　　）。

A．F4　　B．F5　　C．F6　　D．F7

36．施工平面图软件中，图元库下交通工具图元库包括（　　）种图元。

A．8　　B．11　　C．13　　D．15

37．施工平面图软件中，隐藏或显示图元库的快捷操作是（　　）。

A．Alt+T　　B．Ctrl+T　　C．Ctrl+Alt+T　　D．Ctrl+Z

38．项目管理软件中，逻辑时标图如需要改变时间刻度，应首先将显示菜单下的（　　）里的（　　）设为没选中状态。

A．“时间标尺”、“刻度自动适应”　　B．“视图”、“逻辑时标图”

C．“选项”、“显示任务分段”　　D．“时间标尺”、“常规标尺”

39．项目管理专业版软件中需在（　　）添加定额。

A．系统配置　　B．环境信息管理

C．项目信息　　D．常规设置

40．项目管理软件中，横道图界面任务名称下点击右键新建任务有（　　）种任务类型。

A．1　　B．2　　C．3　　D．4

41．项目管理软件中，在（　　）命令下可以导入 project 文件。

A．项目设置界面　　B．编辑设置界面

C．显示设置界面　　D．工具设置界面

42．项目管理软件中，用户可以采用定额套用方式实现资源分配需在（　　）选择该项目选用的定额库。

A．常规选择卡下　　B．工程信息选择卡下

C．选项选择卡下　　D．项目成本选择卡下

43．项目管理软件中，时间刻度设置下主要刻度设置的单位有（　　）几种。

A．年、月、日　　B．年、半年、季度

C．年、半年、月、旬　　D．年、半年、季度、月、旬、周

44．项目管理软件中，如果设置任务为里程碑任务需（　　）。

A．将任务放在最后　　B．将任务设置在中间段

C．将任务设置在首段包含整体任务　　D．将任务工期设置为零

45．项目管理软件中，实际工期要求 A 任务完成后 B 任务开始施工，正确的连接关系是在 B 任务的前置任务下填写（　　）连接类型。

A．开始—开始　　B．完成—开始
C．开始—完成　　D．完成—完成

46．项目管理软件中，显示单代号视图的快捷操作是（　　）。
A．Ctrl+1　　B．Ctrl+2　　C．Ctrl+3　　D．Ctrl+4

47．项目管理软件中，单代号网络图的连接样式有（　　）。
A．折线连接、曲线连接、弧线连接　　B．中心到四周、中心到中心、放射连接
C．左到右、右到左、左到中间　　D．折线连接、中心到中心、右到左

48．项目管理软件中，里程碑任务是否显示旗标在（　　）进行修改。
A．横道图属性设置　　B．单代号网络图属性设置
C．双代号网络图属性设置　　D．资源网格图属性设置

49．项目管理软件中，双代号网络图规则类型有（　　）。
A．单起单终、单起多终、多起单终、多起多终 4 种
B．单起单终、单起多终、多起多终 3 种
C．多起单终、多起多终 2 种
D．单起单终 1 种

50．项目管理软件中，冬歇期只能在（　　）视图下设置。
A．横道图　　B．概要网络图
C．双代号网络图　　D．逻辑时标图

51．项目管理软件中，系统默认将资源成本分成（　　）类。
A．3　　B．5　　C．6　　D．8

52．项目管理软件中，一般任务的资源成本计算方法是资源成本等于（　　）。
A．资源用量－资源消耗量　　B．资源用量×资源单价
C．资源用量＋资源分配量　　D．资源用量÷资源单价

53．项目管理软件中，共计有（　　）张报表。
A．16　　B．18　　C．20　　D．22

54．项目管理软件中，打印的快捷命令是（　　）。
A．Ctrl+D　　B．Ctrl+P　　C．Ctrl+N　　D．Ctrl+Y

55．施工平面图软件中，在（　　）操作下隐藏图形周围的标尺。
A．布局工具栏　　B．常用工具栏　　C．缩放工具栏　　D．专业图形工具栏

56．施工平面图软件中，在（　　）对图纸进行页眉页脚或纸张大小的设置。
A．文件菜单下　　B．绘图菜单下　　C．查看菜单下　　D．格式菜单下

57．施工平面图软件中，在（　　）可以插入 Excel 工作表。
A．文件菜单下　　B．编辑菜单下　　C．查看菜单下　　D．格式菜单下

58．施工平面图软件中，在（　　）命令下能够去除掉软件默认的外设计边框。

A．背景设置　　B．图纸设置　　C．显示比例　　D．设计模式

59．施工平面图软件中，平面图文件可以转化成（　　）格式的图形文件。

A．*.dwg、*.mdb　　B．*.bmp、*.dxf

C．*.tmp、*.dxf　　D．*.tmp、*.dib

60．施工平面图软件中，在（　　）操作下能够使用鸟瞰视图这一命令。

A．在绘图区空白处点击右键菜单　　B．在属性栏菜单下点击右键菜单

C．在菜单栏空白处点击右键菜单　　D．在格式菜单下点击右键菜单

61．施工平面图软件中，格式工具栏下的组件列表对话框可以对绘图区的组件进行（　　）属性操作。

A．填充、线性、文本　　B．图层、锁定、颜色

C．位置、样式、坐标　　D．偏移、可见、宽度

62．施工平面图软件中，图层管理命令在（　　）。

A．通用图形工具栏　　B．格式工具栏

C．布局工具栏　　D．编辑工具栏

63．标书编制软件中，含（　　）大类技术交底资料查询文档。

A．5　　B．7　　C．11　　D．15

64．标书编制软件中，软件新生成的投标书默认带有（　　）个 1 级节点。

A．4　　B．5　　C．6　　D．7

65．项目管理软件中，项目管理可用于（　　）。

A．范围管理、时间管理　　B．成本管理、组织管理

C．人力资源管理、财产管理　　D．质量管理、知识管理

66．项目管理软件中，下面（　　）不是优化进度、缩短工期的主要方法。

A．分解关键任务　　B．重叠关键任务

C．缩减关键任务的工期　　D．设置日历减少工作时间

67．标书编制软件中，投标文件的核心文件是（　　）。

A．商务文件　　B．技术文件　　C．价格文件　　D．概算文件

68．标书编制软件中，为了避免多次输入同样的工程信息，可以在（　　）命令下设置。

A．系统—新建目录　　B．系统—设置基本信息

C．系统—设置标书样式　　D．系统—浏览标书文件

69．项目管理软件中，当用户操作的任务较多需要查找某一任务时，可点击（　　）命令进行查找。

A．Ctrl+F　　B．Ctrl+Insert　　C．Ctrl+H　　D．Ctrl+T

70．项目管理软件中，单代号网络图以箭线表示工作之间的（　　）关系。
A．循环关系　　B．递进关系　　C．逻辑关系　　D．搭接关系

71．施工平面图软件中，系统对象一般属性不包括（　　）。
A．线条属性　　B．填充属性　　C．阴影属性　　D．颜色属性

72．施工平面图软件中，绘制出一条连续的边缘线属性设置中不可以设置（　　）。
A．与直线夹角　　B．边缘线间距　　C．与直线距离　　D．与直线垂直距离

73．施工平面图软件中，点击绘图工具栏中文本菜单建立一个文本后，不可以对其进行（　　）操作。
A．平移　　B．旋转　　C．字体大小　　D．样式效果

74．施工平面图软件中，下方对齐工具栏软件提供（　　）种对齐方式。
A．6　　B．7　　C．8　　D．9

75．施工平面图软件中，下面（　　）不是图元的对象属性页中的内容。
A．可见　　B．锁定　　C．位置　　D．大小

76．标书编制软件中，在（　　）命令下设置标书正文的字体样式。
A．系统—设置标书样式　　B．系统—新建目录
C．系统—浏览标书文件　　D．系统—设置基本信息

77．在“项目管理与投标工具箱”软件中，基本操作流程中“访问系统数据库”的下一步操作是（　　）。
A．打开工程项目　　B．生成项目计划
C．建立项目网络模型　　D．项目资源管理

78．在“项目管理与投标工具箱”软件中，基本操作流程中“建立项目网络模型”的上一步操作是（　　）。
A．打开工程项目　　B．生成项目计划
C．项目资源管理　　D．访问系统数据库

79．项目管理软件中，在（　　）命令下可以修改撤销步数。
A．系统配置　　B．环境信息管理
C．工程设置　　D．项目信息

80．项目管理软件中，双代号网络图的基本要素是（　　）。
A．工作、节点、线路　　B．工作、虚工作、节点
C．工作、箭头、节点　　D．工作、节点、时差

81．项目管理软件中，将（　　）三者组合到一起才能够基本全面地描述一个项目。
A．WBS 工作分解结构法、OBS 组织分解结构、CBS 费用分解结构
B．甘特图、网络图、进度图

C．资源图、成本图、进度图

D．管理主体、管理任务、管理内容

82．项目管理软件中，关键工作是指网络计划中（　　）的工作。

A．总时差为正值　　B．总时差为负值

C．总时差最大　　D．总时差最小

83．项目管理软件中，建设项目管理有（　　）。

A．计划职能　　B．监理职能　　C．分配职能　　D．调节职能

84．在“项目管理与投标工具箱”平面布置软件的图元库中，图元“”表示（　　）。

A．模板堆场　　B．钢筋堆场　　C．砌块堆场　　D．脚手架堆场

85．在标书编制软件中，“参考资料“菜单栏不包含的选项是（　　）。

A．相关法律法规　　B．资料规范说明

C．施工图设计说明　　D．施工技术交底资料

86．项目管理软件中，选择（　　）功能可随时在横道图、双代号、单代号、资源曲线等视图界面间进行切换，从不同角度观察、分析实际项目。

A．编辑处理　　B．视图切换　　C．图形处理　　D．数据管理

试 题 答 案

学习任务一　建筑施工组织基础知识认知

1-5 ADCCD
6-10 BACAD
11-15 BCABB
16-20 DCCCC
21-25 ACCAB
26-30 DAABD
31-35 ACCCA
36-40 DCBBB
41-45 CABCB
46-51 CDBCCA

学习任务二　施 工 准 备

1-5 ABBCC
6-10 BDDCD
11-15 DCCDC
16-20 CAADC
21-25 BBABD
26-30 CDDAD
31-35 CCABD
36-40 BCCBD

学习任务三　流 水 施 工 组 织

1-5 CAABA
6-10 CCCAD
11-15 CDCAA
16-20 DBCBC
21-25 CBDBC
26-30 DBBCA
31-35 CAACB
36-40 DACDD
41-45 DDDCC
46-50 DCDAB
51-55 CCABC
56-60 ADCAB
61-65 BABCD
66-70 ACADB
71-75 BDBCB
76-80 DBACD
81-85 BCDDB
86-90 ADADB
91-95 DCABA
96-100 DCCAB
101-105 DCDBC
106-110 ACBBA
111-115 BDDAD
116-120 DABAD
121-125 DABAD
126-130 ACCBB
131-135 CBDBC
136-140 BCCBA
141-145 ABCCB
146-150 ACADA
151-155 CCCBA
156-160 BACBD
161-165 AABAD
166-170 BCBCB
171-175 CBCAB
176-180 BCCBC
181-185 BABAD
186-190 DBAAB
191-195 DCDBC
196-200 DDACC
201-205 BCBDB
206-210 CCBCB
211-215 BCADA
216-220 BBDBC
221-225 CDCAD
226-230 CDCDD
231-235 CCCCA
236-240 BBCBD
241-245 CBDCD
246-250 ACADD
251-255 ABBCC
256-260 BCABD
261-265 CCBCA
266-270 CDABD
271-275 CCBCD
276-280 DACBC
281-285 DABCC
286-290 CACBB
291-295 ADDCB
296-300 AACDA
301-305 DBCCA
306-310 BBBAB
311-315 BADDC

316-320 CCBDB
321-325 CABCD
326-330 ABBAB
331-335 BBBBA
336-340 ABDDB
341-345 BBCCD
346-350 BAACC
351-355 DDABB
356-360 BACBC
361-365 CBADA
366-370 CABCD
371-375 CBADA
376-379 BCAD

学习任务四　网络计划技术学习

1-5 CBCDA
6-10 DDDBC
11-15 ADDBD
16-20 CDCCD
21-25 BCACB
26-30 CDDDC
31-35 BABDC
36-40 ABCCB
41-45 CDADC
46-50 CACBA
51-55 CBDBC
56-60 DDBBA
61-65 BCACC
66-70 DBDBC
71-75 ABBDD
76-80 CDDCC
81-85 CACBB
86-90 ABCAD
91-95 BACAD
96-100 BDCAD
101-105 CDBBD
106-110 DDABB
111-115 CBDCB
116-120 CDDAA
121-125 ADDCB
126-130 CDABD
131-135 BACAC
136-140 BCBAB
141-145 AABDD
146-150 ACBCA
151-155 CADCB
156-160 ABAAB
161-165 DCBDB
166-170 CBCAB
171-175 ADDAB
176-180 CBCCA
181-185 DDADD
186-190 CCAAD
191-195 ABCCC
196-200 DBAAB
201-205 CCBAB
206-210 BCBCA
211-215 ADCAA
216-220 CDDDC
221-225 DDBDB
226-230 BAABD
231-235 BCDBD
236-240 BADAD
241-245 BCACC
246-250 DACBC
251-255 CDABC
256-260 DCADB
261-265 DDDAC
266-270 BCCAB
271-275 CDCDA
276-280 ABCBB
281-285 CAACA
286-290 BDACA
291-295 DDCAC
296-300 BBABA
301-305 AAABB
306-310 BABBA
311-315 BAABB
316-320 ABBAB
321-325 BABBB
326-330 AAABB
331-335 BBABB
336-340 DDDCA
341-345 DAAAA
346-350 BABBB
351-355 AAAAB
356-360 BDCDA
361-365 DCAAB
366-370 BBBBA
371-375 BCCAA
376-380 CBADD
381-385 BBBBD
386-390 BCADC
391-395 CADAD
396-400 DAACD
401-405 ADBDD
406-410 ADAAD
411-415 DAADD
416-420 BACBA
421-425 CCCCC
426-430 AABBA
431-435 CCCAC
436-440 DBAAA
441-445 BABBA
446-450 BBBBB
451-455 BABAB
456-460 BABAB
461-465 AABBC
466-470 ABCDA
471-475 BBCBC
476-480 BABDB

481-485 CDCDC	491-495 ADCBC	501-505 DBCBC
486-490 BABCD	496-500 DABAC	

学习任务五　施工组织总设计编制

1-5 ADDBB	21-25 CBBAA	41-45 CCCCC
6-10 ADDAB	26-30 CCCCC	46-51 DDDCAD
11-15 CCACC	31-35 ABBDA	
16-20 DCCCC	36-40 DBCCA	

学习任务六　单位工程施工组织设计编制

1-5 BDBDB	41-45 DCDDA	81-85 BCDDB
6-10 DCCCD	46-50 DBADD	86-90 BABAB
11-15 CBABC	51-55 DBDDB	91-95 BBDBC
16-20 BDCBA	56-60 ACDBC	96-100 BDDCB
21-25 CCAAB	61-65 BCABC	101-105 CDABD
26-30 CDADB	66-70 CCDCA	106-111 ACBBDB
31-35 BBABB	71-75 AAAAC	
36-40 CDBCB	76-80 CCCAA	

学习任务七　主要管理措施制定

1-5 CCDCA	26-30 CABCD	51-55 ADBAB
6-10 BCCBC	31-35 BAACC	56-60 DBADD
11-15 BBBAC	36-40 AADCC	61-65 CDBAC
16-20 DBCBA	41-45 CACBC	66-70 BDCBC
21-25 BACBD	46-50 BDBAC	

学习任务八　计算机辅助施工组织设计

1-5 CBBAC	31-35 ADDAD	61-65 ACCAA
6-10 CDDCB	36-40 CBAAB	66-70 DCBAC
11-15 ABACA	41-45 DBDDB	71-75 DDBCD
16-20 CADCA	46-50 CDCBD	76-80 ACDAC
21-25 DBDAB	51-55 CBABA	81-86 ADAACB
26-30 ABBAA	56-60 CBDBC	